辽宁省教育厅基本科研项目(JYTMS20230801)资助

天山造山带深部速度结构与变形特征

吕子强 著

中国矿业大学出版社

·徐州·

内 容 提 要

天山造山带作为世界上典型的陆内造山带之一,同时夹于塔里木盆地、准噶尔盆地和哈萨克地台等刚性块体之间。这些构造块体不仅影响了不同地质构造单元的演化进程,还控制了天山地区中强地震的活动,形成了特殊的构造环境。本书采用全波形噪声成像技术构建了天山地区的地壳上地幔速度结构模型,并采用面波方位各向异性成像技术反演了不同深度处的变形特征。结合已有的地质和地球物理资料,综合研究天山造山带不同部位之间的相互作用机制及动力学过程。

本书可供地质和地球物理相关研究人员参考使用。

图书在版编目(CIP)数据

天山造山带深部速度结构与变形特征 / 吕子强著.
徐州:中国矿业大学出版社,2024.10. —ISBN 978-7-
5646-6482-4

Ⅰ.P548.245

中国国家版本馆 CIP 数据核字第 20243DC078 号

书　　名	天山造山带深部速度结构与变形特征
著　　者	吕子强
责任编辑	杨　洋
出版发行	中国矿业大学出版社有限责任公司
	(江苏省徐州市解放南路　邮编 221008)
营销热线	(0516)83885370　83884103
出版服务	(0516)83995789　83884920
网　　址	http://www.cumtp.com　E-mail:cumtpvip@cumtp.com
印　　刷	江苏淮阴新华印务有限公司
开　　本	787 mm×1092 mm　1/16　印张 7　字数 130 千字
版次印次	2024 年 10 月第 1 版　2024 年 10 月第 1 次印刷
定　　价	42.00 元

(图书出现印装质量问题,本社负责调换)

前　言

　　天山造山带作为世界上典型的陆内造山带之一,由数条平行山脉和山间盆地组成,同时夹于塔里木盆地、准噶尔盆地和哈萨克地台等刚性块体之间。这些构造块体不但影响不同地质构造单元的演化进程,而且控制了天山地区中强地震的活动,形成了特殊的构造环境。由于印度板块与欧亚板块碰撞的远程效应使得天山造山带现今构造运动十分强烈,并出现大量的 E-W 向逆断层以及频繁的强震活动等。因此,开展天山地区的地壳上地幔速度结构研究对于认识天山地区的深部结构和动力学过程有着重要意义,也是目前大陆动力学的研究热点。本书主要基于整个天山地区的背景噪声资料,围绕天山地区的深部结构开展以下几个方面研究工作:

　　(1) 利用整个天山地区 2012 年 1 月至 2014 年 12 月期间国内外 5 个台网 108 个台站的连续波形资料来提取 Rayleigh 面波经验格林函数,所选台站横跨东、中、西天山,极大地改善了天山地区地震学研究的覆盖范围。在背景噪声数据的预处理过程中,为了提高经验格林函数的信噪比,采用两种不同的归一化方法。其中采用滑动均值的时间域归一化方法获取了周期为 8～50 s 的 Rayleigh 面波相速度频散数据,用于对天山地区方位各向异性的成像进行研究。同时采用频率-时间域归一化方法获得了周期为 7～200 s 的 Rayleigh 面波经验格林函数,作为天山地区全波形背景噪声层析成像研究的观测数据。实践证明该方法可以更加有效地提取长周期的 Rayleigh 面波经验格林函数并提高信噪比。

　　(2) 利用整个天山地区周期为 8～50 s 的 Rayleigh 面波相速度频散数据开展面波相速度与方位各向异性联合反演。研究结果表明:浅部结构与地表的地质构造单元具有较大的相关性。低波速异常主要分布于沉积层厚度较大的盆地区域,而高波速异常主要分布于构造活动比较活跃的山脉地区。东天山地区中下地壳存在比较弱的低波速异常,而塔里木盆地和准噶尔盆地汇聚边缘的上地幔区域则表现为明显的高波速异常,各向异性快波方向呈现近 NS 向的特征,暗示塔里木盆地和准噶尔盆地的岩石圈已经俯冲至东天山下方。中天山地区的中下地壳至上地幔区域均呈现明显的低波速异常,且各向异性快波方向比较复杂,表明中天山地区的整个岩石圈结构已经弱化,热物质上涌可能是影响各向异性变化的重要因素。西天山及帕米尔高原的上地幔区域存在低波速异常,各向异性表现为 NW-SE 方向,可能与欧亚板块的大陆岩石圈南向俯冲有关。塔里木盆地内部存在相对弱的低波速异常,推测塔里木盆地可能已经受到上涌的地幔热物质的侵蚀和破坏。

（3）基于周期为 7～200 s 的 Rayleigh 面波经验格林函数开展天山地区全波形背景噪声层析成像研究。首先采用有限差分法模拟 Rayleigh 面波在三维复杂介质中的传播,并利用波形互相关方法测量观测波形与理论波形之间的相位差。然后采用散射积分法计算出台站对之间的 Rayleigh 面波三维有限频敏感核。进而采用阻尼最小二乘法联合反演 P 波和 S 波速度,获得研究区域高分辨率的地壳上地幔三维 S 波速度结构模型。研究结果表明:整个天山地区的 S 波速度结构具有显著的横向非均匀性,并且与地表的地质构造具有很好的相关性。中天山-塔里木盆地的碰撞边缘呈现明显的高波速异常,暗示塔里木盆地的岩石圈可能已经俯冲至中天山下方。中天山地区的下地壳至上地幔存在明显的低波速异常,可能与地幔热物质的上涌过程密切相关。相比中天山地区的低波速异常,东天山的地幔岩石圈呈现高波速异常,暗示塔里木盆地和准噶尔盆地的岩石圈已经俯冲至东天山下方,可能一定程度上阻碍了地幔热物质的上涌。西天山的上地幔区域所呈现的弧状低波速异常可能与欧亚大陆岩石圈的俯冲消减过程有关。同时研究发现:作为中、西天山分界线的费尔干纳断裂两侧形成了明显的速度差异，且该速度差异从地壳一直延伸至上地幔，表明费尔干纳断裂可能是一条岩石圈尺度的断裂。综合以上研究结果，推测东天山、中天山和西天山受到不同构造块体的作用或者共同作用，可能存在不同的动力学机制。

著　者

2023 年 10 月

目　　录

第1章 引 言

1.1 区域地质构造背景

天山造山带主要位于哈萨克斯坦、吉尔吉斯斯坦和我国境内,是世界上最典型的陆内造山带之一。东西方向上绵延近 2 500 km,宽度为 300~500 km,距离印度-欧亚板块碰撞带约 2 000 km。一般来说,天山造山带自西向东可以分为三个部分:西天山(费尔干纳断裂西侧)、中天山(费尔干纳断裂东侧至东经 80°E)以及位于中国境内的东天山(图 1-1;Lei,2011;Burtman,2015)。

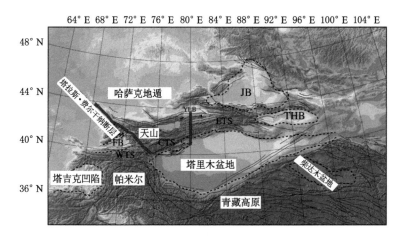

图 1-1 天山造山带及周边地区主要构造

图 1-1 中,天山造山带自西向东可以分为三个部分(以两条粗线为界):西天山(费尔干纳断裂西侧)、中天山(费尔干纳断裂东侧至东经 80°E)以及位于中国境内的东天山。CTS 为中天山;ETS 为东天山;WTS 为西天山;JB 为准格尔盆地;THB 为吐鲁番-哈密盆地;YLB 为伊利盆地;FB 为费尔干纳盆地。

天山造山带由数条近 EW 向的平行山脉和山间盆地组成,位于塔里木盆地、哈萨克地台、准噶尔盆地等刚性块体之间。这些构造块体不仅影响和反映不同地质构造单元的演化进程,还控制天山地区中强地震的活动,形成了特殊的构造环境(Xu et al.,2002;Lei and Zhao,2007)。GPS 研究结果表明:天山造山带正经历着明显的南北向地壳缩短变形,最大缩短速率约为印度-欧亚板块汇聚速率的一半(Abdrakhmatov et al.,1996;Zubovich et al.,2010),表明天山造山带的隆起可能受到印度-欧亚大陆碰撞的远程效应的影响,而塔里木盆地在天山造山过程中起到了应力传递的作用(Molnar and Tapponnier,1975;England and Houseman,1985;Craig et al.,2012)。岩石圈动力学模拟结果发现:天山造山带的隆升速度明显高于周围盆地的隆升速度(郑勇 等,2006),并且还呈现大量的 E-W 向逆断层和频繁的地震活动,表明天山造山带的现今构造运动仍十分强烈。因此,天山地区的深部结构和动力学研究已成为地学科学家的关注焦点,对理解"盆-山"之间的相互作用机制和保障天山地区的地震安全具有重要的科学和现实意义。

从地质构造上划分,天山造山带位于中亚造山带的西南边缘,并经受长期的碰撞增生和陆内改造作用,是研究大陆形成演化的重要场所(图 1-2)。天山造山带的形成可追溯到古生代古亚洲洋的洋盆闭合时期,并与晚古生代的岛弧增生有关(Burtman,1975)。而在中生代,天山造山带处于构造平静期,表现为一个相对稳定的块体(Neil & Houseman 1997;Glorie et al.,2011)。进入早至中新世(24~20 Ma),天山造山带再次发生构造活化,主要表现为显著的南北向地壳缩短变形和山体的快速隆升,并伴随一系列强震的发生。大量研究认为天山造山带的再次活化可能与印度-欧亚板块的碰撞密切相关(Sobel and Dumitru,1997;Yin et al.,1998;Molnar and Tapponnier,1975)。由于经过多次拼合和裂解过程中的岩浆侵入,整个天山造山带广泛分布着岩浆底侵所产生的花岗岩包体(Zheng et al.,2006;Bagdassarov et al.,2011),陆内造山动力学研究的开展为此提供了大量的岩石学证据。

天山造山带是我国西部著名的地震构造带,历史上发生了多次 7 级以上强震。自新生代以来,由于受印度板块北向俯冲的影响,天山造山带发生了强烈的岩石圈变形,导致天山地区发育了大量的褶皱构造和走滑断层(张培震 等,2013)。天山的强震主要发生在山体两侧的前陆逆冲推覆带上,如 1906 年北天山的玛纳斯 7.7 级强震,1902 年南天山阿图什 8 级强震等。同时山体内部也发生构造变形并控制着一系列中强地震的发生,如 2012 年伊犁的 6.6 级地震等。天山地区强震震源机制研究表明主压应力轴与天山的走向近乎垂直,说明天山地壳正处于水平缩短和挤压的过程中,暗示这些地震与天山造山带的构造活动具有密切的关系(Molnar and Ghose,2000)。

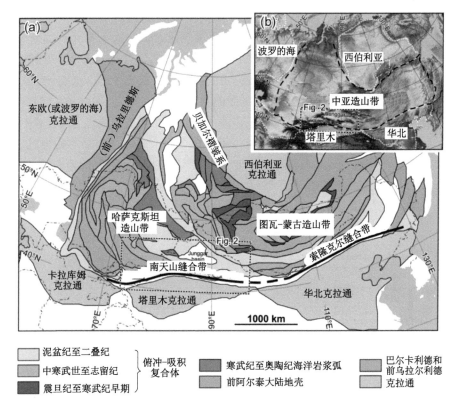

图 1-2　中亚造山带及周边地质构造图(Han and Zhao,2017)

1.2　天山地区深部结构研究现状

1.2.1　人工地震探测

人工地震探测是研究地壳上地幔精细速度结构的最有效手段。近年来关于天山造山带的深部结构探测已取得了一定的研究成果(图 1-3)。1996 年在天山北缘实施了通过玛纳斯 7.7 级地震震中区的深地震反射剖面探测,揭示了北天山山前薄皮地壳的构造特征(王椿镛 等,2001)。1997 年在新疆地学断面走廊区域实施的宽角探测剖面横穿西昆仑—塔里木—天山,全长约 1 200 km,揭示了天山地区的岩石圈精细结构及横向变化,发现了塔里木盆地与青藏高原西北部西昆仑造山带碰撞的地震学证据(高锐 等,2002)。1998 年在帕米尔东北侧完成了两条相交的地震探测剖面,揭示了天山造山带、西昆仑和塔里木盆地交界处的地壳结构(张先康 等,2002)。1999 年为了研究天山造山带和准噶尔盆地的岩石圈结构和动力学,实施了沙雅—布尔津和库尔勒—吉木萨尔两条宽角地震剖面,二者均沿北北东方向并穿过天山山脉和准噶尔盆地,加深了对天山造山带与塔里木盆地和准噶尔盆地相互作用关系的认识。Zhao 等(2003)基于沙雅—布尔津地学断面的速度结构、密度结构以及电性结构等研究认为:在塔里木盆地和准噶尔盆地两个刚性块体的双向挤压下,塔里木盆地与东天山的地壳上地幔是"层间插入与俯冲消减"的过程(图 1-4)。2004 年分别在天山北缘与准噶尔盆地过渡带和伽师地震区实施了两条地震探测剖面,揭示了乌鲁木齐拗陷区的地壳精细结构以及伽师强震区的发震构造(杨卓欣 等,2006;刘保金 等,2007)。2007 年在中天山和塔里木盆地开展了深地震反射剖面研究(侯贺晟,2010;Makarov et al.,2010),揭示了中天山同塔里木盆地和哈萨克地台之间的相互作用关系(图 1-5)。

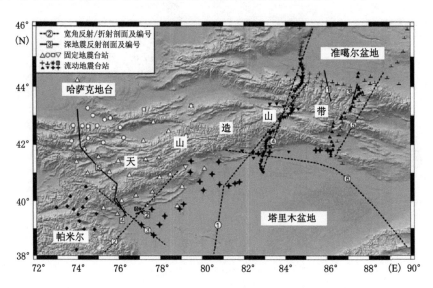

图 1-3　天山地区地震探测程度图(雷显权 等,2012)

1.2.2　接收函数研究

接收函数对地球内部的速度间断面和介质物性比较敏感,已成为探测地球内部速度界面结构的有效方法。研究表明:塔里木盆地和哈萨克地台的地壳厚度约为 40 km,而中天山与盆地接触部位的地壳厚度则达到 60 km 左右,盆山之间的地壳厚度存在近 20 km 的差异(图 1-6),可能与塔里木盆地和哈萨克地台的双向俯冲有关(Bump and Sheehan,1998;Oreshin et al.,2002;Vinnik et al.,2004)。东天山地区的地壳厚度也表现出类似特征,塔里木盆地一侧 Pms 震相

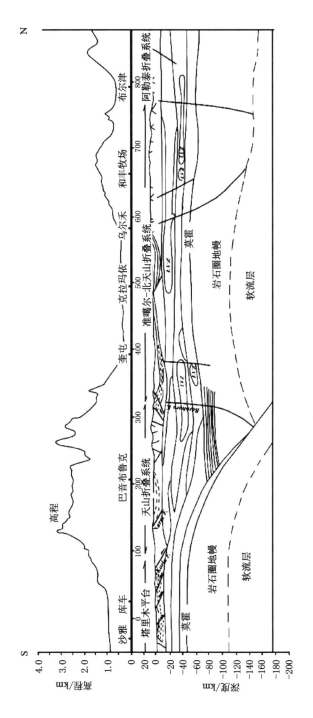

图1-4 东天山与塔里木盆地和准噶尔盆地岩石圈结构与动力学层间插入消减模型（Zhao et al., 2003）

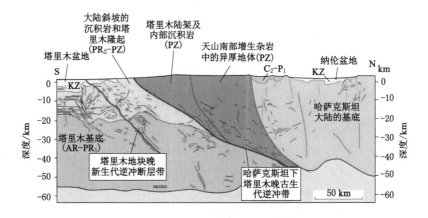

图 1-5　中天山与塔里木盆地之间的构造模型(Makarov et al.,2010)

比较简单,地壳厚度为 40～52 km,而靠近东天山的褶皱变形区为 60～76 km,塔里木盆地和东天山接触部位的变形关系揭示了塔里木盆地的北向挤压作用(刘启元 等,2000)。李昱等(2007)研究发现:东天山地区的壳幔界面具有断错结构,表明天山造山带不同部位的变形机制可能有所不同。

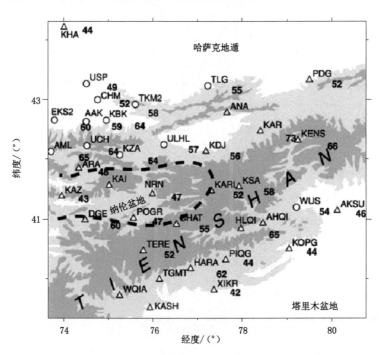

图 1-6　中天山地区地壳厚度变化(Oreshin et al.,2002)

天山地区的岩石圈厚度约为 90 km,而两侧的塔里木盆地和哈萨克地台的岩石圈厚度则增加到 120～160 km(图 1-7;Kumar et al.,2005),表明天山下方的岩石圈可能存在一定的弱化作用。Vinnik 等(2004)认为这种构造特征可能与该地区存在小型地幔柱有关。同时研究发现天山造山带下方还存在比较厚的地幔转换带。Chen 等(1997)发现天山地区地震台站所接收到的不同方向的地幔 P-SV 转换波存在近 2 s 的时间差异,推测天山下方 410 km 深处可能存在高速的岩石圈根。Tian 等(2010)发现伊塞克湖附近 410 km 间断面变浅,而 660 km 间断面变深,从而形成一个厚的地幔转换带,可能反映天山局部存在小尺度地幔对流现象。Yu 等(2017)最新研究发现:在印度-欧亚板块碰撞的大背景下,中天山和西天山地区均呈现比较厚的地幔转换带,并且推测中天山地区厚的地幔转换带可能与塔里木盆地和哈萨克地台双向俯冲所导致的岩石圈拆离有关(图 1-8)。

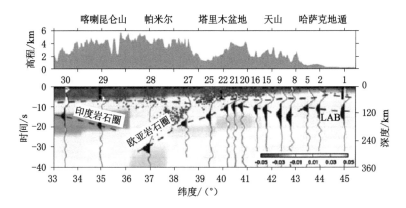

图 1-7　天山地区岩石圈厚度变化(Kumar et al.,2005)

1.2.3　剪切波分裂研究

剪切波分裂是研究上地幔变形机制的重要手段,对于理解造山带的动力学机制具有重要意义。天山地区剪切波分裂结果主要如图 1-9 所示。在东天山地区,剪切波快波方向基本与山脉走向平行,表明天山造山带的上地幔各向异性可能与造山运动有关,天山造山带可能表现为岩石圈垂直连贯变形(Chen et al.,2005),并且发现天山山脉地区的延迟时间较长,而在南北两侧地区有所减少,表明天山内部可能有较厚的地幔物质卷入其中并导致延迟时间变长,推测塔里木盆地和准噶尔盆地俯冲是控制剪切波变化的主要因素。在中天山地区,除伊塞克湖附近,天山造山带大部分台站的剪切波快波方向基本与山脉的走向平行,主

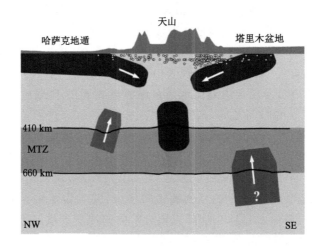

图 1-8　天山地区地幔转换带结构与动力学示意图(Yu et al.,2017)

要仍然受塔里木盆地和哈萨克地台南北双向挤压的影响(Li and Chen,2006;江丽君 等,2010;Cherie et al.,2016;鲍子文和高原,2017)。而在伊塞克湖附近,剪切波快波方向发生较大偏转,可能与小尺度地幔对流有关(Wolfe and Vernon,1998),而 Li 和 Chen(2006)认为上述现象可能并非小尺度地幔对流,而是区域尺度上的岩石圈和软流圈之间的剪切作用。

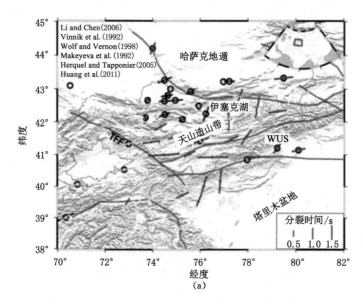

图 1-9　天山地区剪切波分裂研究结果(Cherie et al.,2016;Chen et al.,2005)

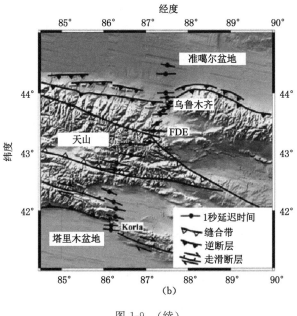

图 1-9 （续）

　　剪切波分裂往往没有考虑上地幔各向异性在深度上的变化，通常用简单的单层水平各向异性模型来解释。为了研究天山造山带各向异性在深度上的变化，Vinnik 等（2007）对 P 波接收函数和 SKS 进行联合反演。研究结果表明：各向异性随深度的变化比较复杂，深度在 100 km 以内的岩石圈地幔的各向异性相对较弱，剪切波快波方向在一个较宽的范围内变化。而在 150～250 km 深度范围内没有发现明显的各向异性。Li 等（2010）提出了一个双层各向异性模型进行模拟研究。该模拟结果表明：模型上层剪切波快波方向与天山造山带走向一致，暗示与印度-欧亚板块碰撞导致的南北向缩短有关，而模型下层剪切波变化可能与板块绝对运动方向有关。Cherie 等（2016）发现研究区域内的 25 个台站中有 15 个台站符合双层各向异性模型，上层各向异性快波方向为 50°至 90°，大致与山脉的走向平行，而下层各向异性快波方向则转变为 -45°至 -85°，推测上层各向异性主要受岩石圈缩短变形的影响，而下层各向异性可能与塔里木盆地和哈萨克地台俯冲所引起的软流圈物质西向流动有关（图 1-10）。

1.2.4 层析成像研究

　　为了更好地理解天山造山带的深部结构和动力学过程，前人开展了大量的层析成像方面的研究工作。研究发现：中天山地区下地壳至上地幔存在明显的

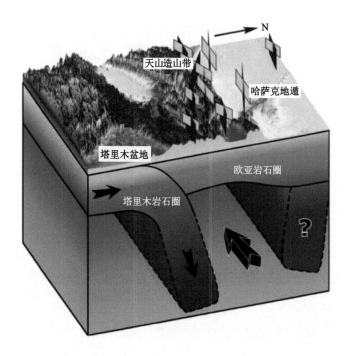

图 1-10　天山地区双层各向异性研究结果(Cherie et al. ,2016)

低波速异常(Roecker et al. ,1993;Xu et al. ,2002;胥颐 等,2005;Lei and Zhao,2007;Li et al. ,2009;Lei,2011),推测该低波速异常可能与塔里木盆地和哈萨克地台俯冲所引起的地幔热物质上涌有关(图 1-11),也有学者认为这些低波速异常可能为小地幔柱(Vinnik et al. ,2004),或小尺度的地幔对流(Tian et al. ,2010)。相比中天山下方的低波速异常,东天山地区则可能存在"层间插入与俯冲消减"的过程(赵俊猛 等,2001)。二维地震剖面结果表明:塔里木盆地和准格尔盆地的岩石圈已经俯冲至东天山下方,东天山的岩石圈地幔呈现相对的高波速异常(Zhao et al. ,2003;郭飚 等,2006),可能一定程度上阻碍了地幔热物质的上涌。而西天山地区的上地幔所呈现出的低波速异常则可能与欧亚大陆岩石圈的俯冲消减过程有关(Li et al. ,2018),得到了中深源地震分布、接收函数和岩石学等研究结果的支持(Sippl et al. ,2013;Schneider et al. ,2013;Hacker et al. ,2005)。总体而言,东天山、中天山、西天山受到不同构造块体的作用或者共同作用,可能存在不同的动力学机制。

　　由于天山地区的台站分布十分不均匀,塔里木盆地内部几乎没有台站,同时地震又比较稀少,导致射线覆盖稀疏不均,射线密度较低,传统的地震走时层析成像方法难以获得可靠的高分辨率的地壳上地幔速度结构。而近年来发展的背

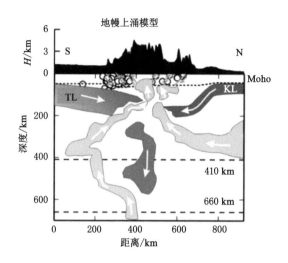

图 1-11　中天山地区地幔动力学过程示意图(Lei and Zhao,2007)

景噪声层析成像方法在台站几何形状分布合理的情况下可以有效克服震源分布不均匀的影响,从而可以获得高分辨率的地壳上地幔速度结构。目前,国内外学者已针对天山局部区域开展了一系列背景噪声成像的相关研究(郭志 等,2010;Li et al.,2012;Gilligan et al.,2014;Li et al.,2016;Guo et al.,2017;Lü and Lei,2018)。背景噪声与接收函数联合反演结果表明(Gilligan et al.,2014;Li et al.,2016),中天山地区地壳厚度变化剧烈,南部的 Kokshaal range 和北部的 Kyrgyz range 区域地壳厚度达 $60\sim70$ km,推测塔里木盆地俯冲是导致地壳增厚的主要原因(图 1-12)。并且发现铁镁质的下地壳厚度与地壳厚度具有一定的正相关性,暗示岩浆底侵可能是该地区地壳增厚的主要原因之一,中下地壳内显著的低波速异常可能与上地幔热物质上涌所导致的地壳部分熔融有关。Lü and Lei(2018)利用中天山地区的流动台网(GHENGIS)28 个地震台站的资料和吉尔吉斯斯坦地震台网(KNET)10 个固定台站的资料采用背景噪声成像反演得到天山地区地壳部分的 S 波速度结构。研究结果显示:中天山地区的上地壳与地表构造的形态比较一致,低波速和高波速异常分别位于盆地和山脉区域。中下地壳的低波速异常主要位于高海拔地区,而高波速异常主要位于低海拔地区,表明天山造山带受塔里木盆地和哈萨克地台的双向俯冲作用影响,拆沉的岩石圈可能已下沉至地幔深处,为上涌的地幔热物质提供了空间,而地幔热物质上涌可能进一步加剧了山脉的隆升。

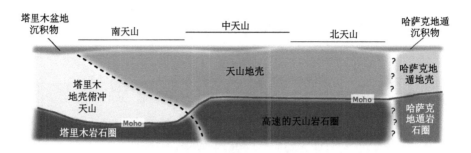

图 1-12 中天山地区岩石圈构造示意图(Gilligan et al.,2014)

1.3 背景噪声成像研究进展

地震面波是一种沿地球表面传播的波,其扰动幅度会随着离开自由表面的距离的增加而迅速衰减。由于地球介质自身的弹性波波速是随深度变化的,所以面波的群/相速度不是常数,而是随着波的频率变化而变化的,并且不同波长的面波所对应的敏感深度也不同,因此可以利用面波速度和频率的变化关系来反演地下速度结构。传统的面波成像方法主要基于地震信息来提取频散曲线,分辨率往往会受到一定的限制,主要体现在:① 由于地震分布是不均匀的,射线路径可能只集中于某一特定方向。② 震源信息的不确定性以及震源距离较远可能导致反演过程存在一定的误差。③ 由于高频面波在地球内部衰减较快,短周期的面波信息常常难以获得。而背景噪声成像技术的发展则有效弥补了传统面波成像的不足,在台站几何形状分布合理的情况下可以有效克服震源分布不均匀的影响,获取高信噪比的短周期面波信息,进而可以反演得到高分辨率的地壳上地幔速度结构。

背景噪声是在地震没有发生时,由噪声源的随机波动经过地球内部不均匀体的多次散射后被地震仪所记录到的地面震动。后来研究发现,利用两个台站长时间的背景噪声记录进行互相关计算可以提取它们之间的经验格林函数(图 1-13),从而可以进一步使用地震面波成像技术来获得地下速度结构信息,使得背景噪声成像技术蓬勃发展。早在 2001 年,Weaver 和 Lobkis 在实验中发现,铝块上两点记录到的热噪声的互相关函数与这两点之间的格林函数基本相同,可以清晰反映铝块的结构(Weaver and Lobkis,2001)。随后在 2003 年,Campillo 和 Paul 从墨西哥一个区域的地震尾波互相关函数中识别了 Rayleigh 面波和 Love 面波信号。然而,由于地震尾波受地震数量和位置的限制,该方法的应用受到了一定的制约。在 2004 年,Shapiro 和 Campillo 从约 1 个月的背景

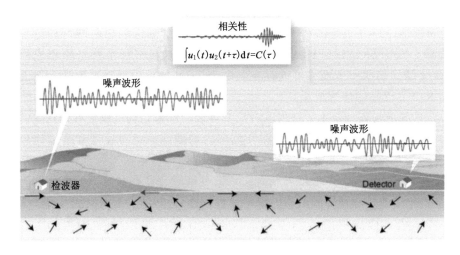

图 1-13　利用背景噪声互相关函数提取台站间格林函数示意图

噪声的互相关函数中提取了台站对之间的频散曲线,结合传统的面波成像方法开展地下速度结构的研究,有效弥补了天然地震分布不均、射线覆盖密度不足的缺点,开创了背景噪声成像研究的先河。到目前为止,背景噪声成像已经在全球范围内得到了广泛应用。Shapiro 等(2005)使用美国加州地区 1 个月地震背景噪声数据的互相关函数反演得到了周期为 7～20 s 的高分辨率瑞利面波群速度结构。该研究结果表明:低波速异常区与沉积盆地相对应,而高速异常区则主要反映了火成岩的分布特征。Yang 等(2007)使用背景噪声层析成像反演了欧洲地区的瑞利波群速度结构,波群速度结构与地质构造非常一致。Lin 等(2007)利用背景噪声层析成像得到了新西兰境内周期为 7～25 s 瑞利波群速度分布,并反演了其中 4 个地点的一维剪切波速度结构,以上结果均较好地反映了研究区域的构造特征,证实了该方法的可靠性。中国大陆地区也进行了大量的背景噪声成像研究。Yao 等(2008)、李昱等(2010)、Wang 等(2014)、Liu(2014)使用背景噪声成像对青藏高原东南缘的地壳和上地幔速度结构进行了研究,并结合该区域的地壳变形、地壳通道流模型、介质各向异性等对青藏高原隆升的动力学机制提出了新的认识。房立华等(2009)、唐有彩等(2011)对华北地区进行了背景噪声成像研究,发现华北盆地的相速度明显低于全球平均值。华北盆地下方的低波速异常可能反映了岩石圈减薄和软流圈物质上涌,为华北克拉通岩石圈的破坏和减薄机制提供了地震学证据。Zhou 等(2012)对华南地区进行了研究,研究结果表明中生代以来华南地块和华北克拉通的构造演化可能存在差异。潘佳铁等(2014)、Guo 等(2015)对东北地区进行了背景噪声成像研究,发现松辽盆地下方的岩石圈地幔表现为显著的高波速,岩石圈地幔底界面深度可能为 90～100 km,薄的岩石圈盖层暗示东北地区的岩石圈可能已发生了减薄。You 等(2010)、Huang 等(2015)对台湾地区开展了背景噪声成像研究,研究结果表明中下地壳可能存在弱黏滞层,并导致中下地壳解耦。以上研究均取得了较好的研究成果。

背景噪声与其他技术方法的联合反演可以为深部结构提供更好的约束。由于瑞利面波频散数据对地下一定深度范围内的地震波绝对速度和密度比较敏感,尤其是对剪切波速度最为敏感,并且不同周期对应不同的深度敏感核,周期越长,其敏感深度越深。但是瑞利面波频散数据对速度在间断面的变化并不敏感,而接收函数则对速度间断面的位置比较敏感,对间断面之间的绝对速度变化不敏感。通常使用单一的数据进行反演会存在严重的解的非唯一性问题(Ammon et al.,1990)。面波频散和接收函数两种数据的结合可以弥补单一数据反演时的不确定性,增强对速度结构和速度间断面的约束。利用面波频散和接收函数联合反演地壳上地幔速度结构的方法已得到广泛应用(Julià et al.,2000;Chang et al.,2004;Shen et al.,2013)。另外,研究发现瑞利面波振幅比对地震台站下方浅部的速度结构非常敏感,并且瑞利面波振幅比只与台站下方的介质结构有关,与传播路径和震源项都没有关系,因此,结合瑞利面波振幅比可以对地表以下几公里范围内的浅部结构进行较好的约束(Tanimoto and Rivera,2008;Lin et al.,2012)。然而,上述背景噪声成像在反演 S 波速度结构的时候,通常逐步反演每个台站下方的一维 S 波速度,没有考虑 S 波横向变化对瑞利面波群/相速度的影响,也没有考虑 P 波速度对浅层结构的抑制,在速度变化剧烈的地区会产生较大误差(鲁来玉 等,2011)。而新近发展的基于全波形模拟的层析成像技术(Adjoint tomography,Chen et al.,2014;Full-wave ambient noise tomography,Gao and Shen,2014),考虑了地震波传播过程中的有限频带效应,通过测量不同周期的观测波形和理论合成波形之间的相位差(phase delay),并建立瑞利面波三维有限频敏感核,进而迭代反演三维 S 波速度结构,在提高模型的精度方面获得很大改善(Tape et al.,2009)。Gao 和 Shen(2014)采用基于有限差分法的全波形背景噪声成像方法反演得到 Cascades 俯冲带地区的上地幔剪切波速度结构,认为弧后的低速异常可能与板块俯冲所引起的小尺度地幔对流有关。Chen 等(2014)利用谱元法合成理论格林函数,并反演得到了青藏高原东南缘的三维剪切波速度扰动结构,对青藏高原的变形特征有了进一步的认识。Gao(2018)对 Cascades 地区海洋俯冲带和地震的关系进行了研究,研究结果表明该地区地震的发生与海洋岩石圈的流体作用密切相关。

1.4　研究目的与意义

综合上述研究背景可知不同学者对天山造山带深部结构的研究一般局限于特定区域。如我国的研究学者主要集中于中国境内的天山,而国外学者则多集中于西天山和中天山,致使我们无法科学完整地对比整个天山造山带从东到西不同部位的深部构造和变形机制,制约了我们对一些科学问题的理解。如整个天山造山带从东到西地壳上地幔速度结构横向不均匀性的差异;东、中、西天山是否均存在地幔热物质上涌;塔里木盆地、准格尔盆地和哈萨克地台的岩石圈是否均已俯冲至天山造山带的下方等。因此,本研究基于整个天山地区的背景噪声资料,通过研究天山地区的方位各向异性来揭示天山造山带深部结构的变形机制。并进一步采用全波形背景噪声层析成像技术,构建整个天山地区可靠的高分辨率地壳上地幔速度结构模型,便于学者更加清楚直观地认识天山地区不同块体之间的构造差异,为深入认识天山地区的深部结构和动力学机制提供重要的地震学证据。

1.5　研究内容与安排

本书旨在利用整个天山地区国内与国际的固定台站资料,开展天山地区背景噪声方位各向异性和全波形背景噪声层析成像研究,并结合研究区域内已有的地球物理、地球化学及地质等相关资料进行综合探讨整个天山地区不同块体之间的构造差异,揭示天山地区的深部构造和动力学机制。全文共分 5 章,各章主要内容如下:

(1)第 1 章阐述了研究区域的地质构造背景以及该区域深部结构的研究进展,还介绍了背景噪声成像的研究进展以及本书的研究目的与意义。

(2)第 2 章阐述了本研究中所用到的技术方法和基本原理,主要包括背景噪声方位各向异性成像与全波形背景噪声成像两种方法,并阐述了相关模型的建立和参数的选取。

(3)第 3 章开展整个天山地区方位各向异性研究,探讨天山造山带不同深度范围内的变形机制。

(4)第 4 章开展整个天山地区全波形背景噪声成像研究,探讨整个天山地区不同块体之间的构造差异,分析其所蕴含的动力学意义。

(5)第 5 章总结主要认识和得出的结论以及对未来研究进行展望。

第 2 章   研究方法简介

2.1   背景噪声方位各向异性成像方法

2.1.1   基本原理与反演方法

本书基于整个天山地区的背景噪声资料所提取到的经验格林函数,采用 Montagner(1986)发展的区域化反演算法联合反演面波相速度与方位各向异性。本章主要介绍该方法的基本原理、相关参数确定以及反演结果评价方法。

在弱的各向异性介质中,面波的传播速度直接表现为与射线路径的方位角有关,即方位各向异性。瑞利面波相速度的各向异性变化 $c(\omega,\psi)$ 可简化表示为(Smith and Dahlen,1973):

$$c(\omega,\psi) = c_0(\omega) + c_1(\omega)\cos(2\psi) + c_2(\omega)\sin(2\psi) \tag{2-1}$$

式中,ω 为频率;$c_0(\omega)$ 为在 ω 频率下的各向同性的相速度变化;$c_1(\omega)$,$c_2(\omega)$ 为方位各向异性变化;ψ 为面波传播方向与正北方向之间的夹角。

各向异性方向可表示为 $\theta_{2\psi} = \dfrac{1}{2}\arctan\dfrac{c_2}{c_1}$,各向异性幅值可表示为 $A_{2\psi} = \sqrt{c_1^2+c_2^2}$。反演采用 Tarantola and Valette(1982)和 Tarantola and Nercessian(1984)发展的方法,反演的目标函数为:

$$\boldsymbol{\Phi}(\boldsymbol{m}) = (\boldsymbol{d}-\boldsymbol{d}_0)^{\mathrm{T}}\boldsymbol{C}_{d_0}^{-1}(\boldsymbol{d}-\boldsymbol{d}_0) + (\boldsymbol{m}-\boldsymbol{m}_0)^{\mathrm{T}}\boldsymbol{C}_{m_0}^{-1}(\boldsymbol{m}-\boldsymbol{m}_0) \tag{2-2}$$

式中,d 为观测走时数据;d_0 为理论计算的走时数据;C_{d_0} 为观测走时数据的协方差矩阵;C_{m_0} 为先验模型的协方差矩阵,Tarantola 非线性反演方法的目的是寻找目标函数的最小值。

该方法主要是基于射线理论计算双台间的面波走时,计算过程中未考虑面波的有限频效应,也就是面波传播只受大圆路径下方介质的影响,大圆路径周围介质对面波的走时不产生影响。由式(2-2)取极小值,可得最小二乘解:

$$\boldsymbol{m} = \boldsymbol{m}_0 + \boldsymbol{C}_{m_0}\boldsymbol{G}^{\mathrm{T}}(\boldsymbol{G}\boldsymbol{C}_{m_0}\boldsymbol{G}^{\mathrm{T}}+\boldsymbol{C}_{d_0})^{-1}(\boldsymbol{d}_0-\boldsymbol{G}\boldsymbol{m}_0) \tag{2-3}$$

式中,G 代表沿射线路径上的敏感核。

通常来说,模型的先验协方差函数可以表示先验模型的可信度,并且控制相邻网格的互相关程度。本方法中模型空间的协方差可表示为:

$$C_{m_0}(p_1, p_2) = \sigma^2 \exp\left[-\frac{1}{2}\frac{(p_1 - p_2)^2}{L^2}\right] \tag{2-4}$$

式中,σ 为先验慢度模型的不确定度,主要控制反演模型的扰动幅度,$\sigma = \sigma_c / c_0^2$。$L$ 为模型的相关长度,主要是控制解的光滑度,$L = c_0 T / 2$。

2.1.2　本研究中相关参数的选取

本研究主要分两个步骤来反演 Rayleigh 面波相速度和方位各向异性。首先,对整个研究区域进行网格划分,基于已获得的台站对之间的 Rayleigh 面波相速度频散曲线,反演出不同周期的各向同性介质中的相速度分布结果。然后将其作为联合反演的初始输入模型,进一步联合反演 Rayleigh 面波相速度和方位各向异性。

该反演方法主要受 σ_d、σ_p、L 3 个参数控制。σ_d 为 Rayleigh 面波相速度测量过程中的标准差,主要受观测数据的质量控制。由于背景噪声通常具有较高的信噪比,一般 σ_d 选取相应周期的 Rayleigh 面波相速度的 $1\% \sim 4\%$ 作为参考值。σ_p 为先验误差参数,主要控制反演中异常的幅度,可分为各向同性 σ_{pi} 和各向异性 σ_{pa} 两个部分,其中各向同性部分 σ_{pi} 一般选取相应周期观测值标准差的 2 倍或者 4 倍作为参考值。而各向异性 σ_{pa} 一般选取相应周期 Rayleigh 面波相速度平均值的 $1\% \sim 2\%$ 作为参考值。L 为模型空间的互相关长度,主要控制反演模型的平滑程度。如果 L 过小,则有可能导致虚假异常,而 L 过大,所得到的结果则可能导致异常区域过大。模型空间的互相关长度 L 也分为两个部分,各向同性互相关长度 L_i 和各向异性互相关长度 L_a。实际选取过程中,可采用此经验关系式 $L_i = \sqrt{\dfrac{S n_{az}}{n_d}}$ 进行计算。L_i 的选取通常参照 3 个参数,其中 S 为整个研究区域的面积,n_{az} 为反演过程参数的总个数,n_d 为所选用的数据总量。各向异性互相关长度 L_a 一般选取各向同性互相关长度 L_i 的 2 倍作为参考值。

2.1.3　反演结果评价

（1）分辨率检测板分析

本书采用应用较为普遍的检测板实验法对所采用数据资料的空间分辨能力进行评价。检测板测试的主要步骤如下:

① 首先对研究区域进行网格划分,并设置一种特定异常的分布模式,如正负交替变化的速度模型。实验中,对于各向同性,不同周期采用不同的初始速度

模型,并在每个周期的平均相速度值基础上加±8%的速度扰动量。对于方位各向异性,构建了各向异性强度为2%、方向为±45°的输入模型。

② 根据实际射线分布情况,正演计算该模型下的射线理论到时,并在理论到时中添加随机分布的高斯误差,使其能更真实地模拟实际观测走时。然后选择合适的反演参数,用这些理论到时反演出成像结果。

③ 最终比较反演后得到的恢复模型和输入模型的速度扰动模式,可用以直接判断该分辨率下反演结果的可靠性。

④ 选取不同的网格大小和速度异常幅度,进行重复测试并选择最优结果。

(2)反演结果的误差统计

研究中解的误差主要来源于观测数据误差和模型误差。Tarantola and Valette(1982)结合信息论和概率论的观点提出了能广泛适用的反演理论。该反演方法同时考虑了数据和模型估计中的误差,并把它们直接引入反演过程中,得出相应最小二乘意义下的解。实际过程中,可以统计反演前后的误差值来评价反演质量。一般采用二范数来定义观测值与预测值的匹配程度。

$$\Phi = \left[\frac{1}{N} \sum_{i=1}^{N} \left(\frac{c_i^{\mathrm{pred}} - c_i^{\mathrm{obs}}}{\sigma_i} \right)^2 \right]^{1/2} \tag{2-5}$$

式中,c_i^{obs}为第i个周期的Rayleigh面波相速度的观测值;c_i^{pred}为第i个周期的Rayleigh面波相速度的预测值;σ_i为观测相速度的标准差;N为测量总数。

2.2 全波形背景噪声层析成像方法

2.2.1 基本原理与反演方法

地震层析成像是揭示地球内部结构和动力学过程的重要技术手段。传统的地震层析成像方法主要是基于射线理论,即假定地震波射线是无限高频的。地震波的走时只与射线路径上的速度结构有关,忽略了射线路径周围的速度结构对地震波走时的影响。地球内部速度结构异常变化较小,并且在异常体的尺度远大于地震波的特征波长的情况下较为有效。然而,由于地震波的波前愈合效应和传播过程中大量的散射和绕射效应(Liu and Tromp,2008),当地震波穿过尺度较小的速度异常体时,所引起的波前异常会逐渐向射线路径的两侧扩散,随着距离的增大,波前异常越来越不明显,由异常体所导致的走时超前或滞后特征以及振幅信息都会越来越弱(Nolet and Dahlen,2000;Hung et al.,2001),从而造成走时或者振幅的拾取偏差。针对上述问题,Dahlen等学者结合地震波传播理论和Born线性散射理论推导出地球内部任意一点的散射波到达台站的走时扰动,通过对比不同频率的散射波与直达波之间的相互干涉结果,建立了有限频率敏感核函数,并由此提出了有限频率层析成像方法(Dahlen et al.,2000)。

本研究所采用的全波形背景噪声成像方法,主要利用背景噪声数据提取瑞利面波经验格林函数,并结合基于有限差分模拟的全波形层析成像方法开展地壳上地幔速度结构的研究,基本流程如图 2-1 所示。

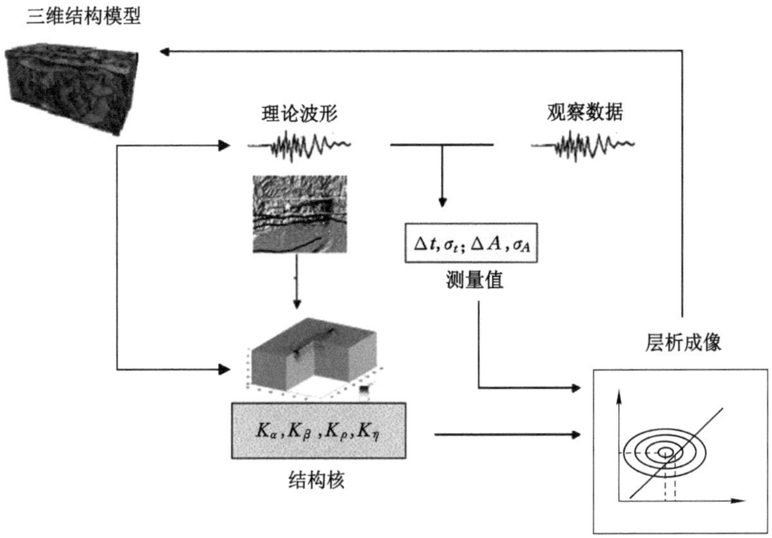

图 2-1 全波形背景噪声成像流程

全波形背景噪声成像流程主要包括经验格林函数的提取、初始速度模型建立、理论波形模拟、波形相位差测量、三维有限频率敏感核构建、阻尼最小二乘反演等步骤。下面对流程中的主要步骤进行介绍。

(1)经验格林函数的提取

理论实验表明:在均匀散射场中任意两点之间的经验格林函数,可以根据这两点记录的位移互相关函数提取得到(Weaver and Lobkis,2001)。而在实际资料处理中发现可以通过对台站间背景噪声数据的互相关计算提取两台之间的经验格林函数(Shapiro et al.,2005)。地震背景噪声的数据处理流程主要采用 Bensen 等(2007)的方法,主要包括去除仪器响应、去除地震信号、数据重采样、去均值、去倾斜分量和带通滤波等,并且采用频率-时间域正则化方法(frequency-time-normalization)对背景噪声数据进行归一化处理(Shen et al.,2012),该方法解决了传统方法(One-bit)中无法得到均衡能量谱的问题。实践证明该方法可以有效提取长周期的瑞利面波经验格林函数,并提高信噪比。首先对每天的背景噪声数据进行多个频段的窄带滤波,然后将滤波后的数据除以其包络进而得到一个归一化的时间序列,最终将多个频段的数据进行叠加得到频率-时间域的波形。基本原理如下:

$$\mathrm{FTN}(t) = \sum_{k=1}^{nf} s[t(f_k, f_{k+1})] / \mid H\{s[t \mid (f_k, f_{k+1})]\} \mid \qquad (2\text{-}6)$$

式中,$s[t(f_k, f_{k+1})]$ 为经过窄带滤波(f_k, f_{k+1})后的时间序列;$\mid H\{s[t \mid (f_k, f_{k+1})]\} \mid$ 为希尔伯特变换的绝对值;nf 为窄带滤波的个数。

经过以上处理可得到台站对每天的互相关函数,最终将台站对所有天数的互相关函数进行叠加和时间求导得到瑞利面波的经验格林函数。

(2)初始速度模型建立

本书采用非均匀网格来模拟地震波在三维球坐标系下的传播(Zhang et al.,2012)。非均匀网格可以在近地表附近或者大型的沉积盆地地区设置较小的网格薄层,从而可以更好地刻画速度异常的形态,并且非均匀网格也可以有效地提高有限差分模拟的计算效率。

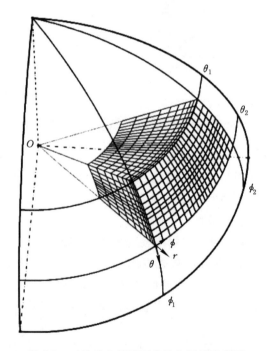

图 2-2　三维球坐标系下非均匀网格示意图

初始速度模型的选取主要基于 $2° \times 2°$ 全球地壳上地幔剪切波速度模型(CUB;Shapiro and Ritzwoller,2002)和 AK135 模型(Kennett et al.,1995)。从

地表到 396 km 采用 CUB 模型,垂直方向上网格间隔为 4 km。从 396 km 到 1 000 km 采用 AK135 模型。地壳中的 P 波速度依据 S 波的经验关系得到 (Brocher,2005),而地幔中的 P 波速度直接从 AK135 模型中获取,密度主要基于 P 波速度关系获得(Christensen and Mooney,1995)。实际波形模拟过程中,在水平方向上,经度和维度的网格间距均选取 0.05°。而在垂直方向上网格模型见表 2-1,近地表的网格间距为 −1.8 km,而地幔区域(130 km)处网格间距约为 6 km,并且整个初始速度模型中不考虑地形和地球内部速度间断面的情况。

表 2-1　初始模型垂直方向网格间距(数值代表到地心的距离,地球半径为 6 371 km)

5 377.503	5 388.407	5 399.263	5 410.073
5 420.836	5 431.552	5 442.22	5 452.842
5 463.417	5 473.944	5 484.425	5 494.859
5 505.245	5 515.585	5 525.878	5 536.124
5 546.322	5 556.474	5 566.579	5 576.636
5 586.647	5 596.611	5 606.527	5 616.397
5 626.22	5 635.996	5 645.724	5 655.406
5 665.041	5 674.628	5 684.169	5 693.663
5 703.109	5 712.509	5 721.862	5 731.168
5 740.426	5 749.638	5 758.803	5 767.92
5 776.991	5 786.015	5 794.991	5 803.921
5 812.804	5 821.64	5 830.428	5 839.17
5 847.865	5 856.512	5 865.113	5 873.667
5 882.173	5 890.633	5 899.046	5 907.412
5 915.73	5 924.002	5 932.227	5 940.404
5 948.535	5 956.619	5 964.655	5 972.645
5 980.588	5 988.484	5 996.332	6 004.134
6 011.889	6 019.596	6 027.257	6 034.871
6 042.437	6 049.957	6 057.43	6 064.856
6 072.234	6 079.566	6 086.851	6 094.088
6 101.279	6 108.423	6 115.519	6 122.569
6 129.572	6 136.528	6 143.436	6 150.298

表 2-1(续)

6 157.113	6 163.88	6 170.601	6 177.275
6 183.901	6 190.481	6 197.014	6 203.5
5 377.503	5 388.407	5 399.263	5 410.073
6 209.938	6 216.33	6 222.675	6 228.972
6 235.223	6 241.427	6 247.583	6 253.693
6 259.756	6 265.772	6 271.74	6 277.662
6 283.537	6 289.364	6 295.145	6 300.879
6 306.565	6 312.205	6 317.798	6 323.344
6 328.842	6 333.934	6 338.618	6 342.895
6 346.764	6 350.226	6 353.281	6 355.929
6 358.169	6 360.002	6 361.835	6 363.668
6 365.501	6 367.334	6 369.167	6 371.000

(3)理论波形模拟

本书采用有限差分法模拟瑞利面波在三维复杂介质中的传播,在计算效率和模拟精度方面具有较大的优势。这里采用具有四阶精度的 DRP/opt MacCormack 有限差分方法(Zhang et al.,2012)。相比传统的有限差分方法,该方法在频散误差(dispersion error)和耗散误差(dissipation error)方面都有所改进。自由表面边界条件采用牵引力镜像法进行处理。吸收边界条件采用 complex frequency-shiftd perfectly matched layer(CFS-PML)进行处理,该方法采用 12 层的衰减层即可有效消除强反射波的影响,并且误差控制在 0.1% 以内。实际模拟过程中,采用高斯函数作为震源时间函数来模拟虚拟台站所接收到的瑞利面波。图 2-3 为采用 CUB 模型(Shapiro and Ritzwoller,2002)实际模拟得到的不同时间的地震波场。

(4)波形相位差测量

本书利用波形互相关方法测量观测与理论波形之间的相位差(phase delay)。波形互相关是评估两个波形是否相似的有效方法,已被广泛应用于测量波形到时或者振幅差异等。由于不同频段的瑞利面波对应的敏感深度不同(图 2-4),本研究将分多个频段测量观测波形与理论波形的相位差。例如,短周期的瑞利面波(20 s)主要反映了浅部(20～30 km)的构造特征,而长周期的瑞利面波(125 s)主要反映了更深部(100～250 km)的构造特征,因此采用多个频段

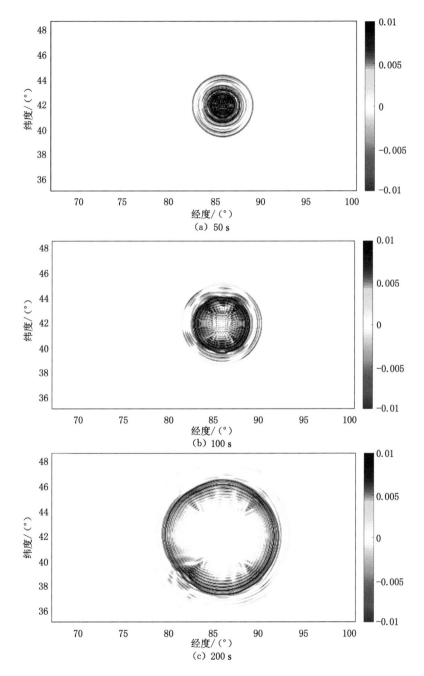

图 2-3 不同时间地震波场模拟

［震源位置位于(85.805°,41.888°)］

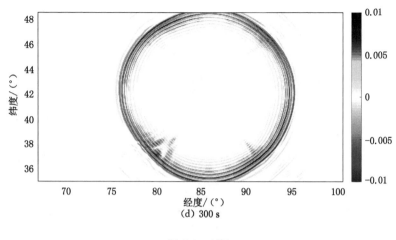

(d) 300 s

图 2-3 （续）

的测量方法可以更好地同时约束浅部和深部的速度结构。并且由于噪声源分布的不均匀性，所提取到经验格林函数的正负半轴往往存在不对称情况，因此在测量过程中对正负半轴进行分开计算，通过选取合适的互相关系数和信噪比阈值来控制反演数据质量（图 2-5）。

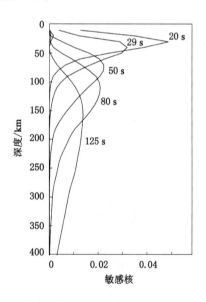

图 2-4　不同周期的瑞利面波对 S 波的深度敏感核

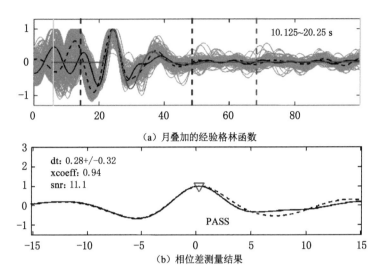

（a）月叠加的经验格林函数

（b）相位差测量结果

图 2-5　利用互相关方法测量观测与理论波形的相位差

　　图 2-5（a）中实线和虚线分别代表经验格林函数的正、负半轴，中间实线（起始段为直线）为合成的理论波形。灰色虚线为每月叠加的经验格林函数，用于估计所获得的经验格林函数的不确定性。竖向实线为根据经验瑞利波速度给出的波形测量范围。在信噪比计算中，选取信号窗口为虚线部分，噪声窗口为第 3 根虚线至最右侧竖线部分。图 2-5（b）主要给出实际测量的相位差、互相关系数和信噪比。

　　（5）三维有限频敏感核构建

　　由于地球本身是非完全弹性介质，高频地震波随着传播距离的增大，能量衰减也越大，再考虑地震波在传播路径上的散射和绕射效应，使得地震波到时会受到传播路径周围介质的速度异常影响。因此，基于无限高频近似的射线理论往往不能正确推测速度异常强度。

　　有限频层析成像考虑了地震波传播过程中的有限频带效应，认为不同频率的地震波对传播路径周围的三维速度结构具有不同的敏感程度，而构建三维有限频敏感核函数是开展有限频层析成像的基础。三维有限频敏感核代表空间某一点位置的速度异常对走时残差的贡献结果。目前计算三维有限频敏感核主要有两种方法：伴随波场法（adjoint-wavefield method，Tromp et al.，2005）和散射积分法（scattering-integral method，Zhao et al.，2005）。伴随波场法主要是利用从震源出发的正常波场与从台站出发的虚拟伴随场相互干涉计算得到模型参数的三维有限频敏感核。散射积分法是将震源产生的正向波场与接收台站的应变格林张量进行卷积,再与地震图扰动核积分得到三维有限频敏感核。Chen et al. (2007)对伴随波场法和散射积分法在存储空间和计算效率等方面进行了对比。

通过对比可以看出:相比伴随波场法,散射积分法虽然需要更大的磁盘存储空间,但是它在计算三维有限频敏感核方面具有更高的计算效率,因此本书采用散射积分法计算台站对之间三维有限频敏感核。主要步骤如下:首先,将高斯函数作为垂直力源施加于地表两台站位置处,其中一个台站作为震源用于计算地震正演波场,另一个台站作为接收台站用于计算波场应变格林函数;然后,将正演波场的面波部分和应变格林函数进行卷积,再与地震图扰动核积分,就可以得到瑞利面波三维有限频敏感核(图 2-6)。相比传统的射线理论,基于有限频的瑞利面波走时残差不仅受射线路径上的速度影响,还对射线路径周围的非均匀介质非常敏感。当地震波的频率接近无限高频时或者速度变化尺度接近无限长时,有限频理论则和传统的地震波射线理论相同。

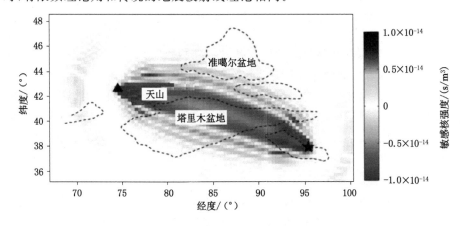

图 2-6　Rayleigh 面波对 SV 波速度的敏感核示例

(6) 阻尼最小二乘反演

地震层析成像通常根据所观测到的地震数据资料来重构地球内部速度结构模型,在三维体积分模式下可以表述为如下形式:

$$d_i = \int_D g_i(x) m(x) \mathrm{d}^3 x \qquad (2\text{-}7)$$

式中,d_i 为第 i 个台站所接收到的地震走时数据;x 为三维模型空间 D 中的位置向量;$m(x)$ 为待求解的速度模型函数;$g_i(x)$ 为第 i 个离散数据对速度模型函数的一阶偏微导数,即该地震波数据对模型函数的敏感核函数。经过模型参数化,可以将式(2-7)改写为离散形式:

$$d_i = G_{il}m_l \tag{2-8}$$

在有限频计算中，d_i 为第 i 个台站的走时残差，G_{il} 为第 l 个网格点空间立方体的累计能量，即 $g(x)\mathrm{d}^3x$。m_l 为待求解的速度模型向量，其维度等于模型中所有节点数。在反演过程中，本书选用带阻尼约束的最小二乘正交分解来求解反演问题（LSQR，Paige and Saunders，1982）。阻尼最小二乘法具有计算量小、效率高的优点，广泛应用于求解大型稀疏病态问题。引入阻尼能够有效克服数据误差造成的解的波动情况。随着阻尼值的增大，模型变化越小，可信度越高，但是地震走时数据的拟合程度也越低。在实际求解过程中需要对阻尼因子进行多次测试，寻找模型残差均方根与走时残差均方根达到最佳折中的阻尼因子。

在三维球状介质结构中，Rayleigh 面波观测波形与理论波形的相位差 δt 可以表示为 v_p 和 v_s 的联合反演函数：

$$\delta t = \int \left[K_{\alpha}(m_0,x)\Delta m_{\alpha} + K_{\beta}(m_0,x)\Delta m_{\beta} \right] \mathrm{d}V \tag{2-9}$$

v_p 为 P 波速度，v_s 为 SV 波速度。m_0 为三维速度参考模型；Δm_{α}、Δm_{β} 分别为 v_p 和 v_s 的速度扰动；K_{α}、K_{β} 为 Rayleigh 面波对 v_p 和 v_s 的敏感核。

Rayleigh 面波对 P 波和 S 波（SV 波）在不同深度处具有不同的敏感核（图 2-7）。例如，在浅部结构（10 km 深度以内），Rayleigh 面波对 P 波速度的敏感程度远大于 S 波速度，而在深部结构（60 km 深度以外），Rayleigh 面波对 P 波速度的敏感程度则相对很低。因此，相比传统的面波层析成像方法，v_p 的引入可以更好地约束浅部的速度结构。

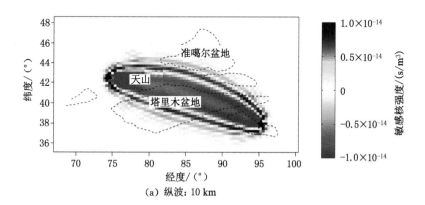

图 2-7　Rayleigh 面波（周期为 25～50 s）对 v_p 和 v_s 在不同深度的敏感核示例

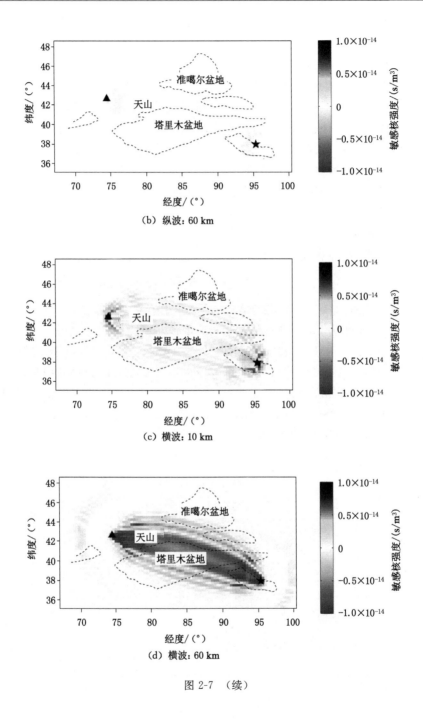

(b) 纵波: 60 km

(c) 横波: 10 km

(d) 横波: 60 km

图 2-7 （续）

2.2.2　本研究中相关参数的选取

本研究在模型参数化时所选择的研究范围为东经 66.1°至 103°,北纬34.5°至 49.2°。在水平方向上按 0.05°网格进行划分,深度方向上见表 2-1,网格总数为 296×472×132 个。初始三维速度模型采用 CUB 和 AK135 的组合模型,并采用半宽度为 2 s 的高斯函数进行瑞利面波模拟。在观测与理论波形之间的相位差测量过程中,采用互相关系数和信噪比阈值来控制反演数据质量。主要参数已在上一章中详细介绍,在此不再赘述。在反演过程中,本研究采用带阻尼和平滑的最小二乘方法(LSQR)进行迭代求解。首先分别给出几组不同的阻尼值和平滑值,根据不同的阻尼和平滑值计算得到的速度模型的均方根和走时残差均方根绘制成 L 形曲线,并选取曲线中曲率最大的一组阻尼和平滑值作为最佳速度阻尼和平滑因子。

2.2.3　反演结果评价

(1)分辨率检测板分析

本书采用检测板测试对所采用资料在研究区内的分辨能力进行评价,主要步骤如下:

① 首先给定一个初始速度模型,采用正负交替变化的速度模型,其速度横向不均匀性扰动幅度为±10%,网格大小分别为 125 km、150 km、200 km。

② 依照和真实数据中同样的台站来获得理论走时,并在理论走时中加入高斯分布的随机噪声。反演过程中各种参数与实际反演的参数一致。

③ 对比反演前后的速度模型的恢复程度,进而判断反演结果的可靠程度。

(2)观测与理论波形的相位差统计

观测与理论波形之间的匹配程度直接决定了所获得速度模型的可靠性。观测与理论波形之间相位差反映了输入模型和真实模型之间的差异。如果观测与理论波形之间相位差等于 0 则表明理论模型和实际模型完全一致,具体步骤如下:

① 采用有限差分方法模拟得到理论波形,并进行带通滤波,给出不同周期的理论波形。

② 采用互相关方法测量不同周期的观测与理论波形之间的相位差,并统计出相位差分布情况。

③ 对比不同迭代次数、不同周期的观测与理论波形之间相位差的分布,进而判断模型的改善程度。实际反演过程中,随着模型的逐渐改善,观测与理论波形之间的相位差逐渐减小。

（3）不同周期的标准差统计

由于不同周期的瑞利面波的敏感深度不同,例如,短周期的瑞利面波主要反映了浅部的构造特征,而长周期的瑞利面波主要反映了更深部的构造特征。因此统计不同周期的标准差可以在一定程度上判断模型在深度方向上的可靠程度。比如,短周期面波往往具有较大的标准差,主要反映了地壳结构具有更明显的横向不均匀性;而长周期面波的标准差相对较小,主要反映了速度异常变化相对较弱的地幔结构。

第 3 章　天山地区方位各向异性研究

3.1　地震各向异性基本理论与方法

地震波在各向异性介质中传播时,地震波的传播速度与质点偏振方向等随着传播方向而变化的特性称为地震各向异性。地震波的各向异性通常表现在以下三个方面(张忠杰和许忠淮,2013):① 地震波的传播速度随着传播方向的变化而变化,即方位各向异性。② 地震波的传播速度随着波的质点偏振方向不同而发生改变。例如,S 波经过各向异性介质会分裂为以不同速度传播的快波和慢波,二者的偏振方向有所不同。③ 地震波会发生波动质点的异常偏振,即在各向异性介质中波动偏振面通常既不平行于也不垂直于波的传播方向。

在线性弹性介质各向异性情况下,各向异性介质中应力与应变的弹性张量总共包含 21 个独立常数。如果介质围绕空间的一个轴线是对称的,速度只随入射角而不随方位角变化,这时 21 个独立常数则减少到 5 个独立常数,也就是横向各向同性。一般情况下,可以将地球内部的地壳上地幔结构近似为六角对称系统下的横向各向同性介质。根据系统对称轴的位置又分为具有垂直对称轴的横向各向同性介质 VTI(vertical transverse isotropic medium)和具有水平对称轴的横向各向同性介质 HTI(horizontal transverse isotropic medium),如图 3-1所示。

地球内部各向异性的成因比较复杂,可能与地球内部介质的定向排列有关,也可能与矿物自身的结构有关。例如,地幔岩石圈在冷却过程中的应力作用以及地幔对流或软流圈引起矿物晶格的定向排列,都可以造成大规模的各向异性。应力作用引起的裂隙定向排列也会造成大规模的各向异性。此外,中下地壳的物质流动也可能产生较强的各向异性。

大量研究结果表明:在一定条件下,上地幔中一些矿物会发生塑性变形并导致矿物晶格沿着优势方向排列,被普遍认为是上地幔地震各向异性的主要原因。由于上地幔中的主要组分是橄榄石,因此常用橄榄石的晶格优势排列 LPO(lattice preferred orientation)来解释上地幔地区的各向异性。一般来说,在简

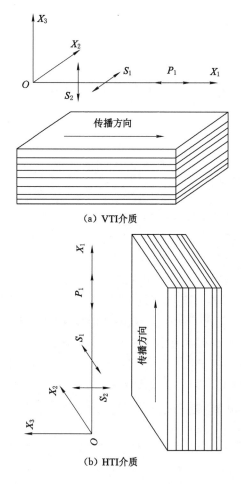

图 3-1　VTI 介质与 HTI 介质示意图

单剪切变形模型下,最大应变轴和最小应变轴会随着变形旋转,橄榄岩晶格的快速轴方向与最大剪切方向趋于一致。在纯剪切变形条件下不涉及刚体旋转,橄榄岩快速轴则平行于最大拉伸方向,垂直于最大压缩方向。而在大多数情况下,简单剪切变形和纯剪切变形往往叠加在一起形成更复杂的混合剪切变形(图 3-2)。而另一种引起各向异性的主要原因称为形状优势排列 SPO(shape preferred orientation),这一类物质往往自身是各向同性的,其各向异性主要是物质的空间排布引起的。比如,在一定的应力场条件下,岩石往往会发生破裂而产生裂隙或者孔隙,这些孔隙或者裂隙具有一定的方向性,从而形成各向异性。此外,裂隙内所包含的流体、挥发物也会产生一定的各向异性。

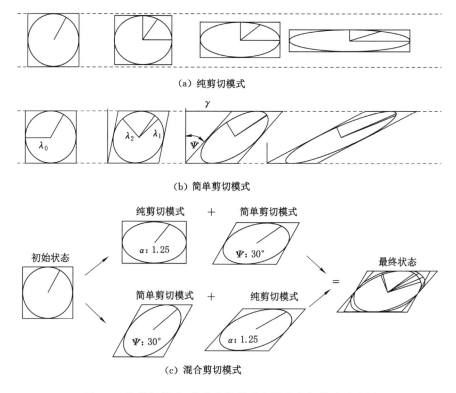

（a）纯剪切模式

（b）简单剪切模式

（c）混合剪切模式

图 3-2　纯剪切模式、简单剪切模式和混合剪切模式示意图

3.2　数据来源与处理

本研究收集了整个天山地区境内和境外的具有连续波形记录的地震台站。数据主要来自 5 个台网，总共 108 个台站（图 3-3）。第 1 个台网是 TJ(Tajikistan national seismic network)宽频带地震观测台网，主要分布于西天山地区；第 2 个台网是 KR(Kyrgyz digital network)宽频带地震观测台网，主要分布于费尔干纳盆地周围和中天山地区；第 3 个台网是 KN（Kyrgyz seismic telemetry network)宽频带地震观测台网，主要分布于中天山地区；第 4 个台网是 KZ (Kazakhstan network)宽频带地震观测台网，主要分布于哈萨克地台边缘；第 5 个台网是 CN(Chinese national seismic networks)宽频带地震观测台网，主要分布于我国境内（国家测震台网数据备份中心，2007；郑秀芬 等，2009）。为了保证数据具有较高的信噪比，选取 2012 年 1 月至 2014 年 12 月期间的连续波形数据用于提取瑞利面波相速度频散曲线。

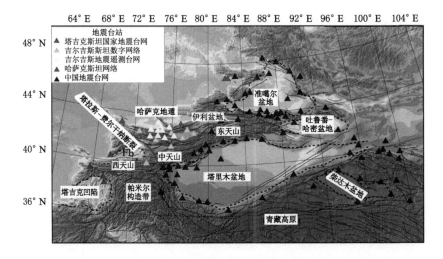

图 3-3　天山地区主要构造及台站分布图

　　地震背景噪声的数据预处理主要参考前人的方法(Bensen et al.,2007),主要包括三个部分:单台数据预处理、经验格林函数计算以及频散曲线选取(图 3-4)。首先是单台数据预处理,主要包括数据重采样,去均值、去倾斜分量和带宽为 4~60 s 的带通滤波,采用滑动绝对平均法进行时域归一化处理以消除地震信号和其他异常信号的影响,其中时窗长度选取带通滤波最大周期的一半。然后对归一化的数据进行频域谱白化,从而拓宽信号的频带并抑制某单频信号的干扰,获得更加连续的频散曲线。最后对预处理完成的背景噪声数据进行互相关计算。

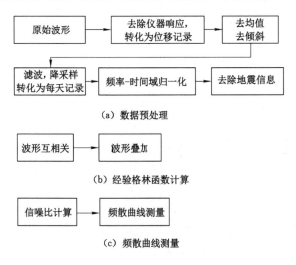

图 3-4　背景噪声数据处理流程

可从图 3-5 垂直分量数据(带通滤波 4~60 s)的叠加互相关中提取经验格林函数。黑色虚线表示对称轴。

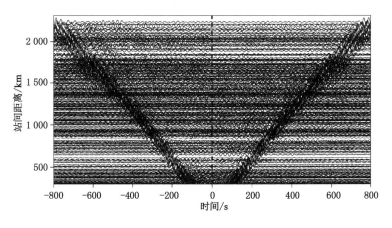

图 3-5　天山地区部分台站的经验格林函数(带通滤波 4~60 s)

由于噪声源的分布通常是不均匀的,得到的互相关波形的正负时间分量往往存在不对称现象,为了提高互相关波形的信噪比,通过将互相关波形的正负分量取均值,从而得到正负半轴的"对称"分量(Lin et al.,2007)。将互相关函数进行叠加和对时间求导,则得到瑞利面波的经验格林函数。图 3-5 为本研究提取到的部分台站经过带通滤波之后的经验格林函数,可以看出其具有较好的对称性和较高的信噪比。

频散曲线的提取采用基于图像分析技术的相速度频散曲线提取方法(图 3-6,Yao et al.,2006)。该方法定义信噪比为信号窗口振幅最大值与噪声窗口振幅平均值的比值。为了确保相速度频散曲线的测量精度,选取信噪比(SNR)大于 5 的波形资料用于提取频散曲线。同时为了满足远场面波格林函数的近似条件,选取台间距大于 3 个波长的波形记录,最终获得了天山造山带地区 8~50 s 周期的频散数据。图 3-7 为最终提取到的研究区内的不同周期相速度的平均值和对应周期的标准差,对比 AK135 模型和天山地区相速度的平均值,可以发现,天山地区地壳上地幔平均速度小于全球平均速度模型的,这与前人所提取到的频散曲线结果基本一致(Guo et al.,2017),表明天山地区的岩石圈强度可能遭受一定程度的弱化。

图 3-8 为最终提取到的研究区内不同周期相速度的射线数量,可以看出:在短周期(8 s)内射线数量超过 1 000 条,随着周期的增加,射线数量逐渐增加,周期为 15~30 s 的射线数量超过 2 000 条,而随着周期的进一步增加,由于信噪比逐渐降低,射线数量逐渐减少。

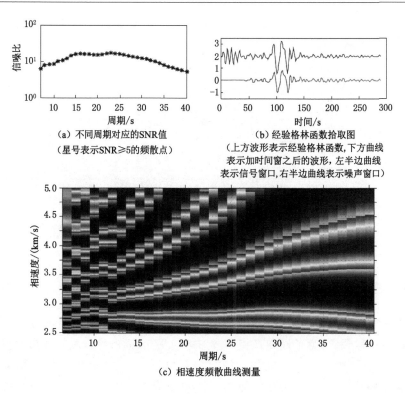

（a）不同周期对应的SNR值
（星号表示SNR≥5的频散点）

（b）经验格林函数拾取图
（上方波形表示经验格林函数，下方曲线
表示加时间窗之后的波形，左半边曲线
表示信号窗口，右半边曲线表示噪声窗口）

（c）相速度频散曲线测量

图 3-6　瑞利波相速度频散曲线测量示意图

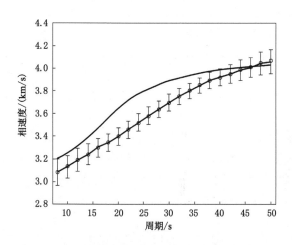

图 3-7　研究区内平均相速度
（下面一条实线为不同周期的相速度平均值，误差棒为对应周期的标准差，
上面一条实线为 AK135 模型的相速度值）

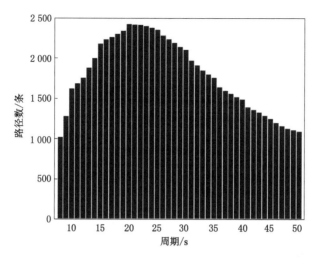

图 3-8　不同周期相速度的射线数量

为了验证层析成像所用资料的空间分辨能力,首先开展了各向同性的分辨率测试实验。在实验中,不同周期采用不同的初始速度模型,在每个周期的平均相速度值上加上±8%的速度扰动量。图 3-9 展示了 2.0°×2.0°的不同周期检测板实验的恢复结果,检测板实验的恢复结果与射线路径的分布有直接关系。周期为 7～34 s 的射线路径在整个天山造山带地区分布比较密集,因此反演恢复结果较好。周期为 42 s 和 50 s 的射线数量相对减少,恢复结果有所降低。同时,我们展示了 3.0°×3.0°的不同周期检测板实验的输出结果(图 3-10),可以看出:整个周期内都具有比较好的反演恢复结果,并且塔里木盆地地区具有更高的分辨率。整体而言,根据目前所用资料,天山造山带地区的空间分辨率可以达到 2.0°×2.0°,而塔里木盆地地区的空间分辨率可以达到 3.0°×3.0°。

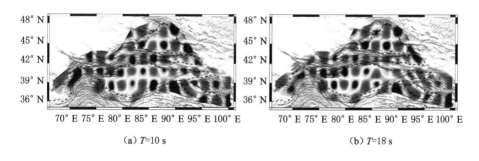

（a）T=10 s　　　　　　　　　　　　　　（b）T=18 s

图 3-9　2.0°×2.0°模型下不同周期资料检测板测试结果

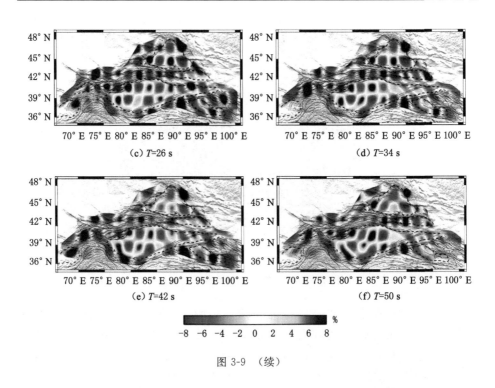

(c) T=26 s

(d) T=34 s

(e) T=42 s

(f) T=50 s

图 3-9 （续）

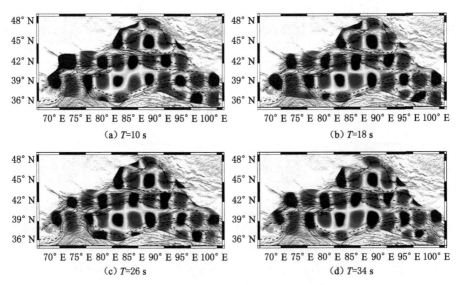

(a) T=10 s

(b) T=18 s

(c) T=26 s

(d) T=34 s

图 3-10 3.0°×3.0°模型下不同周期资料检测板测试结果

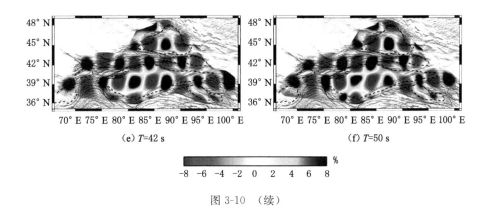

（e）T=42 s　　　　　　　　　　（f）T=50 s

图 3-10　（续）

首先利用周期为 8～50 s 的瑞利面波相速度的频散曲线得到不同周期的各
向同性介质中的相速度分布反演结果（图 3-11），然后将其作为联合反演的初始
输入模型，进一步联合反演 Rayleigh 面波相速度和方位各向异性。由图 3-11 大
致可以看出：瑞利面波相速度结构与地表的地质构造单元具有较大的相关性。
塔里木盆地、准噶尔盆地以及天山山脉地区的构造特征都有比较好的展现，在此
不详细讨论各向同性的相速度结果。

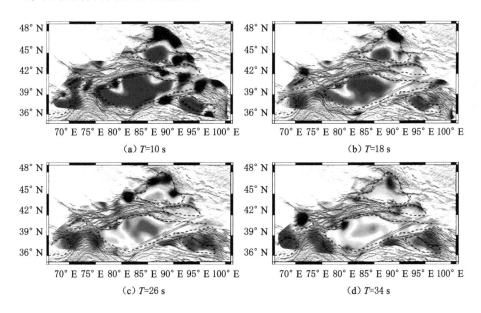

（a）T=10 s　　　　　　　　　　（b）T=18 s

（c）T=26 s　　　　　　　　　　（d）T=34 s

图 3-11　不同周期二维瑞利面波相速度分布

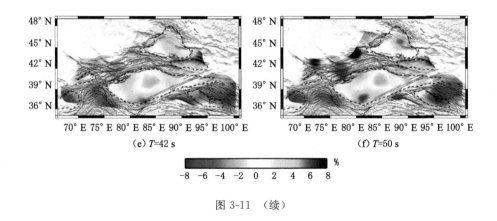

(e) T=42 s   (f) T=50 s

图 3-11 （续）

考虑到方位各向异性的空间分辨能力，在面波相速度与方位各向异性的联合反演中，选择 $3.0°×3.0°$ 模型进行面波相速度方位各向异性的分辨率测试。在实验中，不同周期采用不同的初始速度模型，在每个周期的平均相速度值上加上±8%的速度扰动量。对于方位各向异性，我们构建了各向异性强度为 2%，方向为±45°的输入模型。图 3-12 展示了 $3.0°×3.0°$ 模型下各向异性检测板结果。检测板实验的恢复结果与射线路径的分布有直接关系。虽然塔里木盆地的内部没有台站，但是位于塔里木盆地南部边缘的台站为本研究补充了更多的射线覆盖，从而提高了塔里木盆地内部地区的分辨率。周期为 7~34 s 的射线路径在整个天山造山带地区分布比较密集，因此反演恢复结果较好。周期为 42 s 和 50 s 的射线数量相对减少，因此输入模型的恢复结果较好。整体而言，根据目前所用资料，天山造山带地区面波相速度方位各向异性的空间分辨率可以达到 $3.0°×3.0°$。

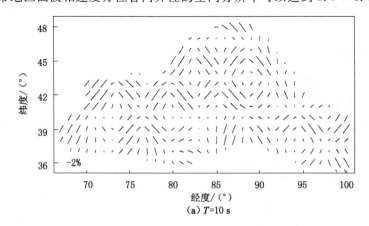

(a) T=10 s

图 3-12 不同周期方位各向异性恢复图像

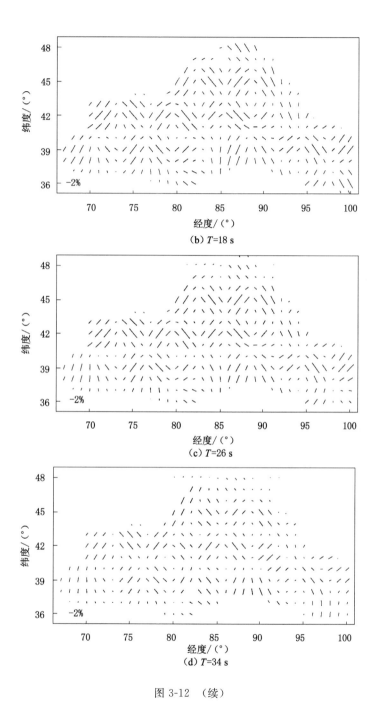

（b）T=18 s

（c）T=26 s

（d）T=34 s

图 3-12 （续）

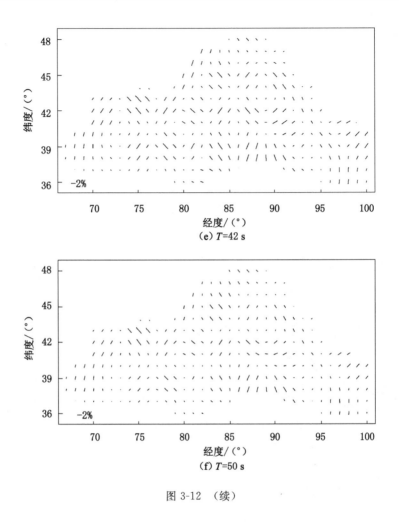

图 3-12　（续）

3.3　天山地区方位各向异性结果

利用周期为 8～50 s 的瑞利面波相速度的频散曲线，采用 Montagner (1986)发展的区域化反演算法对整个天山造山带地区进行 0.5°×0.5° 的网格划分，各向同性的平滑尺度选为 200 km，各向异性的平滑尺度选为 400 km，最终得到周期为 8～50 s 的瑞利面波相速度扰动和方位各向异性图像。

瑞利面波相速度主要与传播路径中的 S 波速度、P 波速度及介质密度等有关，其中对 S 波速度更为敏感。由于瑞利面波的频散特征，不同周期的瑞利面波可以反映不同深度范围的 S 波速度特征。图 3-13 为不同周期基阶瑞利面波相速度对 S 波的深度敏感核。基阶瑞利面波相速度对大约 1/3 波长深度附近介质的 S 波速度结构最为敏感。周期越短,瑞利面波相速度的敏感深度范围越窄,随着周期的增加,敏感深度的范围也逐渐扩大。

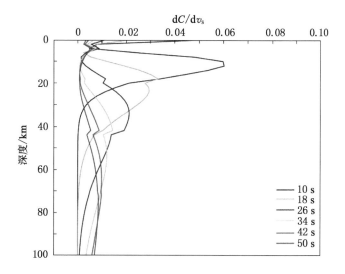

图 3-13　不同周期瑞利面波相速度对 S 波的深度敏感核

　　周期为 10 s 的瑞利面波相速度结构表现出与地表的地质构造单元具有较大的相关性[图 3-14(a)]。低波速异常主要分布于沉积层厚度较大的盆地地区,如塔里木盆地、准噶尔盆地、柴达木盆地以及费尔干纳盆地,并且这些低波速异常形态与相应的构造块体的地表形态比较吻合。高波速异常主要分布于构造活动比较活跃的地区,如天山造山带、巴楚隆起以及山脉-盆地的边缘地区,其中伊塞克湖附近地区表现为相对弱的低波速异常。这与前人背景噪声层析成像的研究结果基本一致(Zheng et al.,2010;唐小勇 等,2011;Li et al.,2012),但我们得到的结果更加清晰地展现了主要地质构造单元的波速异常形态。塔里木盆地内部的各向异性快波方向近于 EW 向,而费尔干纳断裂附近的各向异性快波方向与断裂的走向一致,说明各向异性快波方向受地质构造和重大断裂的影响较大。周期为 18～26 s 的瑞利面波相速度结果主要反映了中上地壳的结构特征[图 3-14(b)]、图 3-14(c)]。塔里木盆地、准噶尔盆地及柴达木盆地主要呈现低波速异常,随着周期的增加,低波速异常的幅度也逐渐降低。塔里木盆地北部的低波速异常相对明显,前人研究认为,塔里木盆地北部沉积层的厚度最大可能达到 16～18 km(Stolk et al.,2013),表明塔里木盆地北部的低波速异常可能与沉积层的厚度有一定的相关性。中天山地区呈现出明显的低波速异常,并且低波速异常的形态逐渐向东天山地区扩展。费尔干纳盆地由低波速异常转变为高波速异常，而准噶尔盆地边缘仍然表现为相对稳定的高波速异常。东天山地区的各向异性快波方向表现为近 NS 向，中天山地区的各向异性快波方向表现为近 EW 向，而西天山地区的各向异性快波方向则表现为近 NS 向，整个天山造山带呈现出明显的分区特征。周期为 34~42 s 的瑞利面波相速度结果主要反映了下地壳和上地幔顶部的结构特征[图 3-14（d）、图 3-14（e）]。准噶尔盆地和费尔干纳盆地主要呈现为高波速异常，塔里木盆地南部地区呈现为高波速异常，北部地区呈现为低波速异常，同时可以发现天山地区的低波速异常主要集中在中天山地区。塔里木盆地和准噶尔盆地区域的各向异性快波方向逐渐转变为近 NS 向，并且各向异性的强度逐渐增强，这与 Pn 波速度结构的研究结果具有一定的相似性（Zhou and Lei，2015）。周期为 50 s 的瑞利面波相速度结果主要反映了上地幔地区的结构特征[图 3-14（f）]。塔里木盆地北部地区仍然呈现低波速异常，中天山地区的低波速异常幅度有所增大，费尔干纳盆地地区则主要表现为高波速异常，这与前人开展的区域尺度的体波层析成像的研究结果比较一致（Omuralieva et al.，2009；Lei，2011）。西天山和帕米尔高原区域的各向异性快波方向表现为近 NW 向，与印度板块的运动方向基本一致。而中天山区域的各向异性快波方向转变为 NE-SW 向，这与剪切波分裂的研究结果比较类似（Li and Chen，2006），可能与中天山地区地幔热物质的上涌有关。

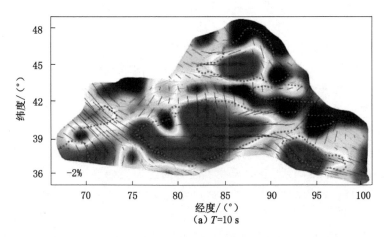

图 3-14　不同周期二维瑞利波相速度和各向异性分布

（灰色和黑色分别代表低波速和高波速异常，色标位于图底，T 为所用的周期）

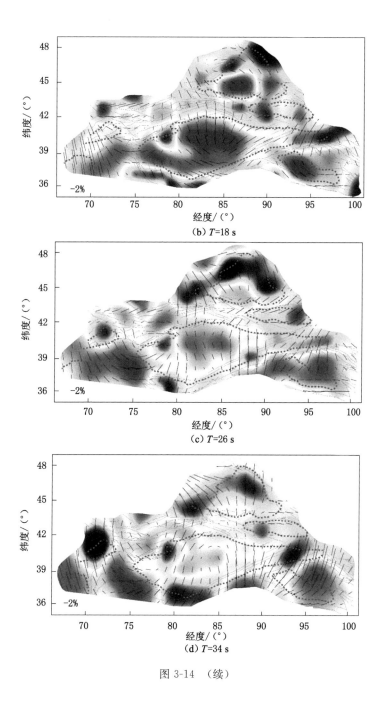

（b）T=18 s

（c）T=26 s

（d）T=34 s

图 3-14　（续）

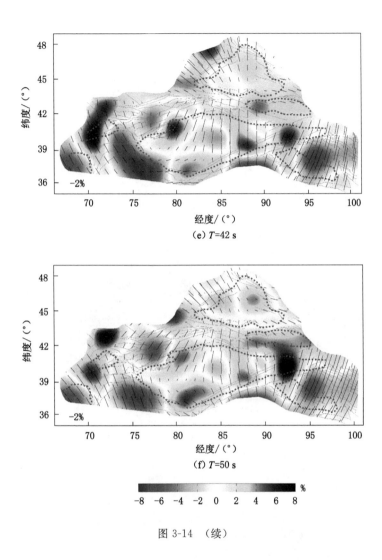

(e) T=42 s

(f) T=50 s

图 3-14　（续）

3.4　讨论

目前研究普遍认为天山造山带的复活再造运动很可能与印度板块北向俯冲具有一定的相关性（Molnar and Tapponnier，1975；Sobel and Dumitru，1997；Yinet et al.，1998），然而，由于天山造山带的构造背景异常复杂，东天山、中天山及西天山受到不同构造块体的作用或者共同作用，其隆升机制和动力学机制仍然存在争议。

在东天山区域,本书的研究结果表明东天山的中下地壳存在比较弱的低波速异常,而在上地幔地区则表现为明显的高波速异常[图 3-14(c)至图 3-14(f)],前人的研究结果也揭示了类似的特征(李昱 等,2007;Xu et al.,2002;Zhao et al.,2003b)。塔里木盆地和准噶尔盆地之间的上地幔各向异性快波方向主要表现为近 NS 向(图 3-15),暗示塔里木盆地和准噶尔盆地的岩石圈已经俯冲至东天山的下方(Zhao et al.,2003b;高锐 等,2002;郭飚 等,2006),各向异性快波方向主要是由盆地岩石圈俯冲所导致的。而 SKS 的结果为近 EW 向,与我们得到的结果存在非常大的差异,可能是更深部的上地幔地区的橄榄岩定向排列所导致的。Zhao 等(2003b)结合速度结构、密度结构以及电性结构等研究表明:在塔里木盆地和准噶尔盆地两个刚性块体的双向挤压下,塔里木盆地与天山造山带的地壳上地幔是层间插入与俯冲消减的过程。塔里木盆地的中上地壳插入天山造山带的中下地壳,塔里木盆地的下地壳连同岩石圈地幔俯冲至天山造山带的上地幔并消减。同时,由于塔里木地块的下地壳物质被带到天山造山带的上地幔,使东天山成为低密度与低波速块体,在重力均衡作用下致使东天山隆升,而隆升的速度与塔里木盆地向东天山下方俯冲消减的速度有关(赵俊猛 等,2001,2003)。本书研究结果所呈现的东天山地区的中下地壳低波速异常和上地幔高波速异常很大程度上反映了塔里木盆地向东天山的俯冲过程。

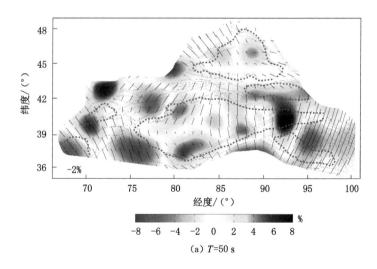

(a) $T=50$ s

图 3-15　东天山地区面波方位各向异性与 SKS 结果(Chen et al.,2005)对比

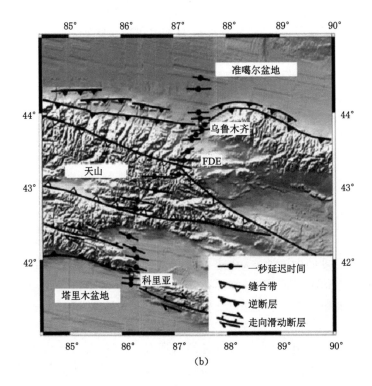

图 3-15 （续）

在中天山区域,大量研究结果表明:塔里木盆地和哈萨克地台的南北双向俯冲作用可能与中天山地区的岩石圈变形和山脉隆升有关。塔里木盆地和哈萨克地台的岩石圈碰撞所产生的碎片可能已下沉至地幔深处,从而为上涌的地幔热物质提供空间,而地幔热物质的上涌进一步加剧了山脉的隆升(Roceker et al.,1993;Chen et al.,1997;Lei and Zhao,2007;Li et al.,2009;Lei,2011;Koulakov et al.,2011)。本书研究结果表明:中天山地区的中下地壳存在低波速异常[图 3-12(c)、图 3-12(d)],意味着中下地壳的强度相对较弱,这与接收函数和背景噪声的研究结果基本一致(Gilligan et al.,2014;Li et al.,2016;Lü and Lei,2018),表明中天山地区的中下地壳可能存在部分熔融,这也得到了中天山地区镁铁岩包体分析结果的支持(Zheng et al.,2006;Bagdassarov et al.,2011)。相比东天山地区,中天山地区的上地幔结构表现为明显的低波速异常,并且各向异性快波方向为近 NEE 向(图 3-16)。剪切波分裂结果表明中天山的南部边缘地区,各向异性方向也呈现为近 NEE 向(图 3-16,Li and Chen,2006;江丽君 等,2010),这与本书的研究结果基本一致,表明中天山地区正经历着塔里木盆地的俯冲挤压。

同时可以发现中天山下方的低波速异常从中下地壳一直延伸到上地幔。有些学者认为该低波速异常可能与小地幔柱有关（Friederich，2003；Vinnik et al.，2004），有些学者则推测该地区可能存在小尺度的地幔对流（Roecker et al.，1993；Tian et al.，2010）。以上研究结果均暗示中天山地区的整个岩石圈结构已经弱化，可能与中天山地区地幔热物质的上涌有关。

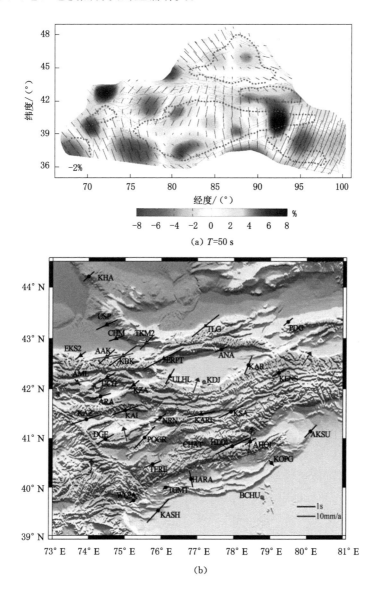

(a) T=50 s

(b)

图 3-16　中天山地区面波方位各向异性与 SKS 结果（江丽君 等，2010）对比

在西天山区域,GPS 测量结果揭示了西天山地区的地壳缩短和岩石圈增厚与北向运动的帕米尔高原有着重要联系(Zubovich et al.,2010)。本书的研究结果表明:费尔干纳盆地中下地壳至上地幔表现为明显的高波速异常,而西天山及帕米尔高原则表现为低波速异常,这与前人所得到的层析成像的结果基本一致(Friederich 2003;Kufner et al.,2016;Li et al.,2018),可能与欧亚大陆岩石圈的俯冲、消减或冷物质进入软流圈有关。西天山地区的剪切波分裂结果主要表现为近 EW 向,可能是反映了深部地幔物质的流动方向(Cherie et al.,2016)。而本书结果中西天山区域的各向异性快波方向主要表现为近 NW 向,与欧亚大陆的俯冲方向基本一致,反映了印度-欧亚大陆板块碰撞并致使该区域地壳缩短和逐渐隆升的变形机制(赵俊猛 等,2003a;Li et al.,2018)。结合中深源地震分布、接收函数及剪切波速度结构等结果(Sippl et al.,2013;Kumar et al.,2005;Li et al.,2018)综合认为欧亚板块的大陆岩石圈可能已经南向俯冲至西天山和帕米尔高原的下方,并且欧亚板块和印度板块的碰撞对西天山地区的构造变形起着重要作用。

天山地区历史上发生多次 7 级以上地震,中强地震更为频繁,而强震的发生往往与震源区附近介质速度的变化有一定的相关性。天山地区的历史强震主要发生于 50 km 以内[图 3-17(a)],而天山地区的地壳厚度为 55~65 km(Stolk et al.,2003),表明这些强震主要还是集中在壳内。震源机制分析及地质调查结果表明:天山地区的壳内强震主要以逆冲为主,在天山造山带的南部边缘尤其明显(图 3-18),可能与塔里木盆地的俯冲密切相关。本书统计了 1976 年以来天山地区 M_w 为 5.5 级以上的地震序列,可以发现在 15 km 和 33 km 附近是壳内强震发生的两个主要区域[图 3-17(a)],因此分别选取周期为 10~18 s 和 26~34 s 的相速度平均值作为上地壳和中下地壳的平均相速度结构,并分别将震源深度为 10~25 km 和 30~40 km 的地震投影到上地壳和中下地壳的速度分布中,研究强震的发生与相速度结构变化的关系。从图 3-17 可以看出:天山地区强震的震源位置与相速度低波速异常具有密切相关性。上地壳部分的强震主要发生在高低波速异常转换带附近,并且在相速度变化−2%至−4%的区域内最为集中[图 3-17(b)],可能主要与塔里木盆地俯冲引起的上地壳的脆性变形有关。而在中下地壳,大部分地震发生于低波速异常体内和高低波速转换带附近,并且主要集中于相速度变化−2%以内的区域[图 3-17(c)],很大程度上表明该区域的地震与中下地壳的韧性剪切有关。研究结果表明:天山地区的中下地壳可能存在部分熔融或流体作用(Bagdassarov et al.,2011),而这种部分熔融或流体作用会大幅度增大孔隙压力,减小断裂带的摩擦系数,从而降低断层面的有效正应力,在断层面上剪应力增大的情况下更有利于断层错动引起地震的发生。

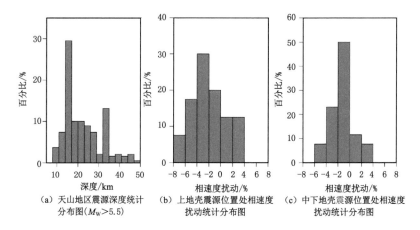

（a）天山地区震源深度统计　　　（b）上地壳震源位置处相速度　　　（c）中下地壳震源位置处相速度
分布图（M_W＞5.5）　　　　　　扰动统计分布图　　　　　　　　扰动统计分布图

图 3-17　天山地区震源深度统计分布图（M_W＞5.5）、上地壳震源位
置处相速度扰动统计分布图及中下地壳震源位置处相速度扰动统计分布图

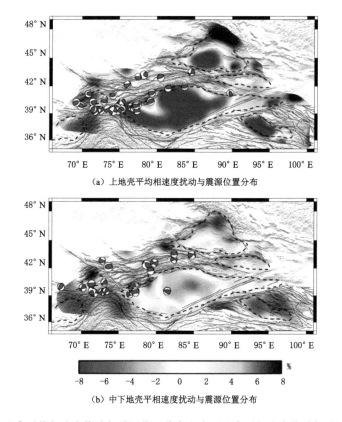

（a）上地壳平均相速度扰动与震源位置分布

（b）中下地壳平相速度扰动与震源位置分布

图 3-18　上地壳平均相速度扰动与震源位置分布和中下地壳平相速度扰动与震源位置分布

此外,研究普遍认为塔里木盆地整体上表现为刚硬块体,并且在天山造山过程中起到了应力传递作用(Molnar and Tapponnier,1975;England and Houseman,1985;Craig et al.,2012)。根据拜城-大柴旦地球物理剖面的地壳与上地幔顶部的速度及 Q 值结构,推测塔里木盆地北部是一个刚性块体,并且塔里木盆地不同区域向天山造山带消减的速度不同(赵俊猛 等,2003;Zhao et al.,2006,2008)。而本书研究结果表明:在上地幔深度,塔里木盆地的东北地区存在弱的低波速异常[图 3-13(e)、图 3-13(f)],暗示着塔里木盆地可能不是一个稳定的克拉通岩石圈块体。三维体波成像发现塔里木盆地南北两个部分存在明显的速度差异,低波速异常与塔里木盆地中部近 EW 向分布的航磁高值异常带位置比较吻合,而盆地中部航磁异常反映了塔里木地块在震旦纪之前的拼合事件(Xu et al.,2002;贾承造 等,2004)。瞿辰等(2013)推测该地区上地幔可能存在局部熔融,波速扰动可能与该地区二叠纪岩石圈火山作用有关。同时,大地热流研究表明:塔里木盆地内部存在一个高热流密度区,热流密度高达 60 mW/m^2,与本书所呈现的低波速异常位置比较一致(Hu et al.,2000;冯昌格等,2009;王良书等,1995)。因此,我们推测塔里木盆地可能已经受到上涌的地幔热物质的侵蚀和破坏。

3.5　本章小结

本研究整合了西天山地区、中天山地区以及东天山地区的大量地震观测台站的连续波形数据,开展瑞利面波相速度与方位各向异性研究。研究结果表明:天山造山带地区存在明显的不均匀性。东天山地区的中下地壳表现为比较弱的低波速异常,而上地幔地区表现为明显的高波速异常且各向异性快波方向近NS 向,可能与塔里木盆地向东天山的俯冲过程有关。中天山地区的中下地壳至上地幔均表现为低波速异常且各向异性方向比较复杂,可能与中天山地区地幔热物质上涌并导致中下地壳存在部分熔融有关。西天山及帕米尔高原的上地幔部分存在低波速异常,各向异性快波方向与板块的运动方向基本一致,表明欧亚板块和印度板块的碰撞对西天山地区的构造演化起着重要作用。

第4章　天山地区全波形背景噪声成像研究

　　天山造山带主要位于哈萨克斯坦、吉尔吉斯斯坦和我国境内,距离印度-欧亚板块碰撞带约2 000 km,在东西方向上绵延近2 500 km,是世界上最典型的陆内造山带之一(图3-3)。天山造山带自西向东可以分为三个部分:西天山(费尔干纳断裂西侧)、中天山(吉尔吉斯斯坦境内,费尔干纳断裂东侧)以及位于中国境内的东天山(Lei,2011;Burtman,2015)。天山造山带由数条近EW向平行山脉和山间盆地组成,同时夹于塔里木盆地、准噶尔盆地、哈萨克地台等刚性块体之间。这些构造块体不但影响和反映了不同地质构造单元的演化进程,而且控制了天山地区中强地震活动,形成了特殊的构造环境(Xu et al.,2002;Lei and Zhao,2007)。GPS研究结果表明:天山造山带正经历着明显的南北向地壳缩短变形,最大缩短速率约为20 mm/年(Abdrakhmatov et al.,1996;Zubovich et al.,2010),接近印度-欧亚板块汇聚速率的一半,表明天山造山带的隆起可能受到印度-欧亚板块碰撞的远程效应的影响,而塔里木盆地在天山构造过程中起到了应力传递的作用(Molnar and Tapponnier,1975;England and Houseman,1985;Craig et al.,2012)。

　　长期以来,天山造山带的深部结构研究一直受到学者们的高度关注,并取得了一系列有意义的研究成果。三维体波地震层析成像结果表明:天山造山带的下方存在着明显的低波速异常,这些低波速异常可能与地幔热物质上涌有关(Roecker et al.,1993;Xu et al.,2002;Lei and Zhao,2007;Omuralieva et al.,2009)。接收函数研究成果表明:天山造山带大部分地区的地壳厚度约为60 km,与周围盆地和地台的地壳厚度存在近20 km的差异(Oreshin et al.,2002;Vinnik et al.,2004;Kumar et al.,2005)。剪切波分裂结果表明:天山山脉地区的各向异性快波方向与山脉的走向平行,而与塔里木盆地和哈萨克地台的碰撞挤压方向接近垂直,可能与塔里木盆地和哈萨克地台的南北双向俯冲及其导致的天山地区岩石圈地幔南北向缩短变形有关(Li and Chen,2006;Li et al.,2010;江丽君 等,2010;Cherie et al.,2016;鲍子文和高原,2017)。然而,这些研究成果大部分集中于天山造山带的局部地区,并没有针对整个天山造山带开展深部结构的研究工作,对整个天山造山带地区的动力学认识仍存在争议。因此本研究整合了西天山地区、中天山地区以及东天山地区的大量地震观测台站的连续波形数据开展全波形背景噪声成像研究,有助于提升对整个天山造山带地区深部结构的认识,为揭示该区域地球动力学过程提供新的地震学观测证据。

4.1　数据来源与处理

本研究收集了 2012 年 1 月至 2014 年 12 月期间整个天山地区的境内和境外的具有连续波形记录的地震台站用于对长周期经验格林函数 EGFs(empirical Green's functions)的提取。数据主要来自 5 个台网,总共 108 个台站(图 3-3)。

为了提取可靠的瑞利面波经验格林函数,首先对每个台站进行预处理,由于只关注瑞利面波信号,这里只处理垂直方向分量的背景噪声数据。主要参照 Bensen 等(2007)方法,包括去除仪器响应和较大地震($M_w \geqslant 5.0$)的波形部分,将连续的波形数据分割成以每天为单位的片段,然后重采样至 1 Hz,从而可以有效提高计算效率。值得注意的是,在归一化处理上,采用频率-时间域正则化方法(frequency-time-normalization)对背景噪声数据进行归一化处理(Shen et al.,2012)。在本研究中,对每天的数据片段进行 0.003 33~0.2 Hz 带通滤波,并将滤波后的数据除以其包络进而得到一个归一化的时间序列,然后将多个频段的数据进行叠加得到频率-时间域的波形。实践证明该方法解决了传统方法(One-bit)中无法得到均衡能量谱的问题,并可以有效提高长周期的瑞利面波经验格林函数的信噪比。然后对所有台站对之间的波形进行互相关计算并叠加,将叠加后的互相关函数对时间求导,则得到最终的瑞利面波的经验格林函数,并将最终的瑞利面波经验格林函数分成正负两个半轴用于后续的相位差测量。

由背景噪声数据得到的经验格林函数示例,分别在 10~25 s、25~50 s、50~100 s 和 100~200 s 周期进行滤波。

由图 4-1 可以看出:在短周期(10~25 s)内,瑞利面波信号已经比较明显但是信噪比相对较弱。在中等周期(25~50 s,50~100 s)内,瑞利面波信号具有较好的对称性和较高的信噪比,并且数量也显著增加。而在长周期(100~200 s)内,虽然也能观测到较好的瑞利面波信号,但数量明显减少。

在以下的研究工作中,为确保高质量的数据资料,只选用信噪比大于 4 的经验格林函数用于后续计算。这里定义信噪比为信号窗口的振幅最大值与每个月叠加的经验格林函数的最大标准误差的比值。我们统计了天山地区瑞利面波经验格林函数平均信噪比分布情况(图 4-2)。台站的平均信噪比定义为所有与该

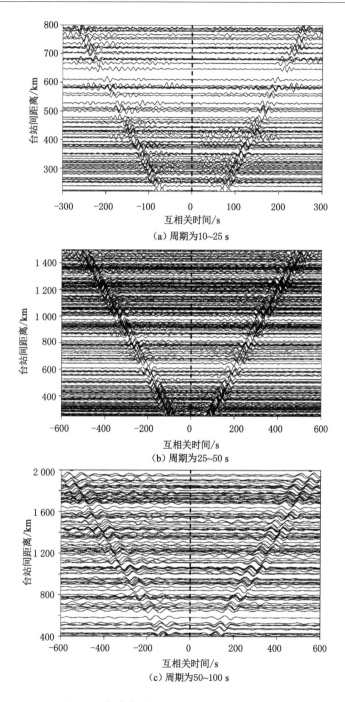

（a）周期为10~25 s

（b）周期为25~50 s

（c）周期为50~100 s

图 4-1　部分台站对之间经验格林函数示例

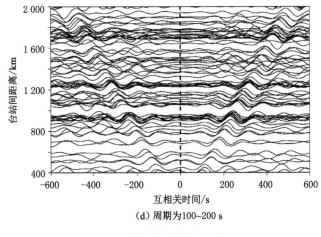

（d）周期为100~200 s

图 4-1 （续）

台站相关的经验格林函数的信噪比的平均值，可以看出：除了西天山地区，大部分台站的平均信噪比可以达到 8 以上，准噶尔盆地和塔里木盆地北部台站的平均信噪比可以达到 10 以上，中天山地区大部分台站的平均信噪比在 8～10 之间，柴达木盆地附近的台站的平均信噪比在 8 左右，整体而言，本研究所采用的数据资料具有较高的信噪比。

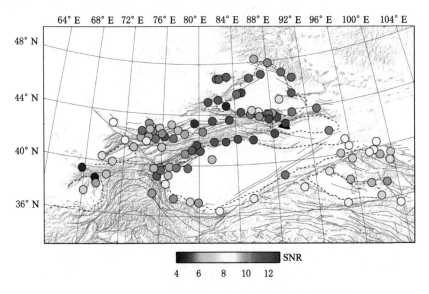

图 4-2 天山地区瑞利面波经验格林函数平均信噪比分布

图 4-2 为瑞利面波经验格林函数的平均信噪比(SNR)从每个地震台站到所有其他台站的分布。平均信噪比定义为 7～200 s 周期内信号窗口最大幅值与同一窗口内各月 EGF 平均值的最大标准误差的比值。

本书采用有限差分法模拟瑞利面波在三维复杂介质中的传播。初始速度模型的选取主要基于 2°×2° 全球地壳上地幔剪切波速度模型(CUB;Shapiro and Ritzwoller,2002)和 AK135 模型(Kennett et al.,1995)。从地表至 396 km 采用 CUB 模型,垂直方向网格间隔为 4 km。从 396 km 到 1 000 km,采用 AK135 模型。地壳中的 P 波速度根据 S 波的经验关系得到(Brocher,2005),而地幔中的 P 波速度则直接从 AK135 模型中获取,密度主要基于 P 波速度关系获得(Christensen and Mooney,1995)。实际波形模拟过程中,在水平方向上,经度和维度的网格间距均选为 0.05°。而在垂直方向上,近地表的网格间距约为 1.8 km,而地幔区域(130 km)处网格间距约为 6 km,并且整个初始速度模型中不考虑地形和地球内部速度间断面的情况(图 4-3)。并采用半宽度为 2 s 的高斯函数作为垂直力源进行瑞利面波模拟,高斯函数主要控制震源时间函数的宽度和理论地震图的最大频率。为了保证数值模拟的稳定性以及最长的模拟时间,选择的时间步长为 0.3 s,运算 5 000 个时间步长,总计模拟 1 500 s 的地震波传播。

采用波形互相关方法测量观测波形与理论合成波形的相位差(phase delay)。首先将正、负两个半轴的经验格林函数分别与半宽度为 2 s 的高斯函数进行卷积,其次将理论合成波形与观测波形分别进行 9 个周期的带通滤波,周期范围分别为 7～15 s、10～20 s、15～25 s、20～35 s、25～50 s、35～75 s、50～100 s、75～150 s、100～200 s。然后将理论合成波形与正、负半轴的经验格林函数分别进行互相关计算,最终选取二者的平均值作为理论与观测波形的相位差值。下面给出两个相位差的测量实例,以便更好地了解具体的测量过程。从图 4-4 可以看出:当两个台站相距较近时,短周期的面波信号发育较好,并且具有较高的信噪比。例如,台站 KN.AAK 与 KR.BTK 之间相距 415 km,可以获得周期分别为 7～15 s、10～20 s、15～25 s、20～35 s、25～50 s 的测量结果。而当两个台站相距较远时,中长周期的面波信号的信噪比逐渐提高。例如,台站 CN.AHQ 与 CN.DCD 之间相距 1 472 km,可以获得 15～25 s、20～35 s、25～50 s、35～75 s、50～100 s、75～150 s、100～200 s 的测量结果,短周期 7～15 s、10～20 s 则由于互相关系数较低而舍去。总的来说,短周期面波信号的信噪比相对较大,而长周期面波信号的信噪比相对较小。在最后一次迭代反演过程中选取信噪比大于 4 和互相关系数大于 0.7 作为选择观测波形与理论合成波形的相位差的阈值。

图 4-4 在 7～15 s、10～20 s、15～25 s、20～35 s、25～50 s、35～75 s、50～100 s、75～150 s、100～200 s 9 个重叠周期波段内采用互相关方法对合成样品

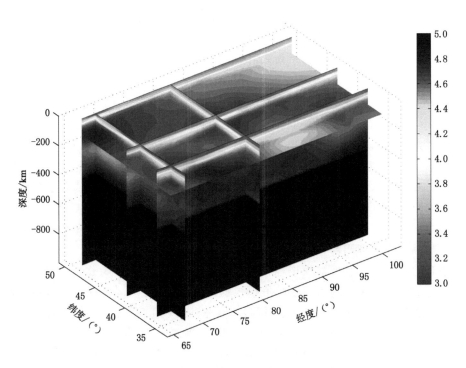

图 4-3　剪切波速度结构初始输入模型

（地震波动模拟和反演过程中，地表到 396 km 深度采用 CUB 模型（Shapiro and Ritzwoller，2002），
400～996 km 深度采用 AK135 模型（Kennett et al.，1995）。沿经度和纬度方向的水平网格间距
均为 0.05°。垂向格网间距与深度有关，在近地表约为 1.8 km，在 130 km 深度处约为 6 km）

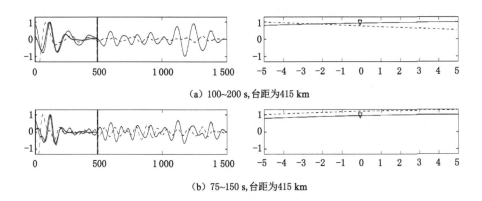

（a）100～200 s，台距为 415 km

（b）75～150 s，台距为 415 km

图 4-4　理论合成波形与观测波形的相位差测量示例

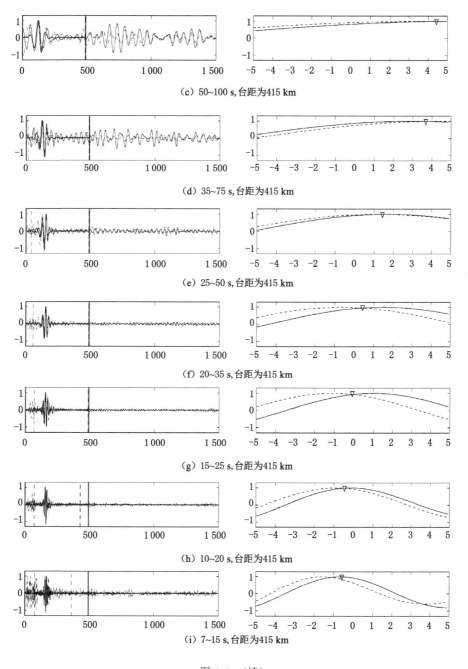

（c）50~100 s, 台距为415 km

（d）35~75 s, 台距为415 km

（e）25~50 s, 台距为415 km

（f）20~35 s, 台距为415 km

（g）15~25 s, 台距为415 km

（h）10~20 s, 台距为415 km

（i）7~15 s, 台距为415 km

图 4-4　（续）

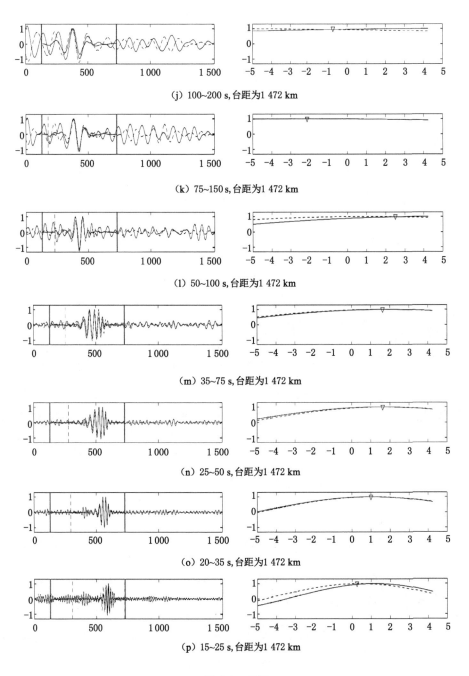

（j）100~200 s，台距为1 472 km

（k）75~150 s，台距为1 472 km

（l）50~100 s，台距为1 472 km

（m）35~75 s，台距为1 472 km

（n）25~50 s，台距为1 472 km

（o）20~35 s，台距为1 472 km

（p）15~25 s，台距为1 472 km

图 4-4 （续）

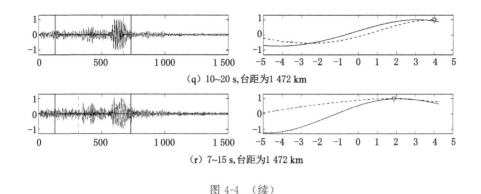

（q）10~20 s，台距为 1 472 km

（r）7~15 s，台距为 1 472 km

图 4-4 　（续）

和 EGFs 进行相位测量。

4.2 　天山地区地壳上地幔速度结构

本研究采用全波形背景噪声层析成像方法联合反演整个天山地区的 P 波和 S 波的速度结构，相比传统的面波层析成像方法，v_{p} 的引入可以更好地约束浅部的速度结构。值得注意的是，下面章节中只关注天山地区 S 波速度结构的变化。

4.2.1 　阻尼因子和平滑因子测试

本研究采用带有阻尼和平滑约束的最小二乘方法进行联合反演 P 波和 S 波速度，阻尼因子和平滑因子控制了数据的收敛程度和模型的平滑程度，因此，为了获得更合理的成像结果，在对研究区进行层析成像工作之前需要对阻尼因子和平滑因子进行测试（图 4-5）。选取一组参数 4、8、16、24 分别作为平滑因子和阻尼因子进行测试。首先固定平滑因子，在阻尼因子变化情况下进行测试，绘制出数据方差和模型方差的变化曲线。然后选取不同的平滑因子，重复进行上述测试，通过数据方差和模型方差的折中曲线选择最终的平滑因子和阻尼因子。这一对参数不仅可以使数据残差得到有效收敛，还能在一定程度上控制模型的平滑程度。最终本书选用阻尼因子 8 和平滑因子 8 进行后续的反演计算。

4.2.2 　反演模型的可靠性

主要从三个方面来对反演结果的可靠性进行评价：（1）观测波形与理论波形相位差的分布情况统计；（2）每次迭代的相位差的测量数量以及波形互相关系数统计；（3）每次迭代的不同频率的相位差的标准差统计。

观测波形与理论波形相位差的分布统计可以作为衡量反演模型与真实模型

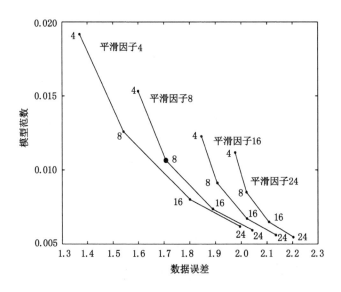

图 4-5　反演过程中平滑因子与阻尼因子的选取

之间匹配程度的有效手段。如果观测波形与理论波形的相位差等于 0,则表明反演模型与真实模型一致。一共进行了 4 次迭代反演。从图 4-6 可以看出:第一次迭代反演,无论是短周期还是中长周期,观测波形与理论波形相位差的分布与零值线均有一定的偏离并且分布的宽度也较宽,表明初始模型具有非常大的不确定性,尤其是在浅部地壳区域。而经过第 2 次迭代反演之后可以发现,观测波形与理论波形的相位差逐渐集中于零值线附近,其分布的宽度也逐渐收敛,表明模型得到了明显改善。而经过第 3 次和第 4 次迭代反演之后,观测波形与理论波形的相位差则更加集中于零值线附近并且分布的宽度也变得更窄,表明迭代的模型精度正逐渐得到提高。

　　对比初始速度模型(图 4-7)和第 1 次迭代反演之后的模型(图 4-8),可以发现反演之后的模型得到了明显改善。由于受到初始速度模型分辨率和所选用数据资料的限制,其速度结构相对平滑,一些重要的区域性构造特征并不明显(图 4-7)。例如,在 11 km 深度处,盆地和天山山脉之间的界限并不明显,塔里木盆地和准噶尔盆地的构造特征也未显现出来。而在深部结构上,如 93 km 和111 km 深度处,两个深度处的速度异常模式几乎一致。整体而言,初始速度模型的精度还存在很大的改善空间。而经过第 1 次迭代反演之后可以发现反演模型体现出与区域构造存在非常强的相关性(图 4-8)。在 11 km 深度处,盆地和天山山脉之间存在非常大的速度差异,山脉地区呈现出明显的高波速异常,而塔里木盆地、准噶尔盆地以及费尔干纳盆地则呈现明显的低波速异常,并且低波速异常的形

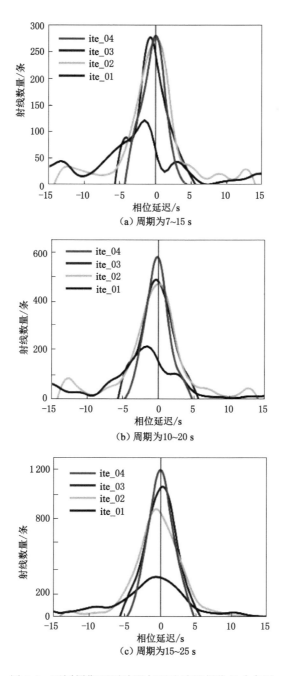

图 4-6　不同周期观测波形与理论波形相位差分布图

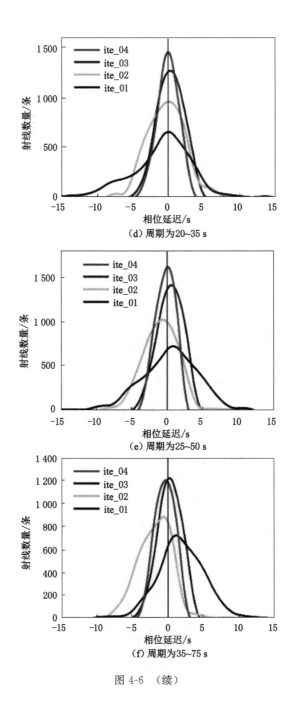

（d）周期为20~35 s

（e）周期为25~50 s

（f）周期为35~75 s

图 4-6 （续）

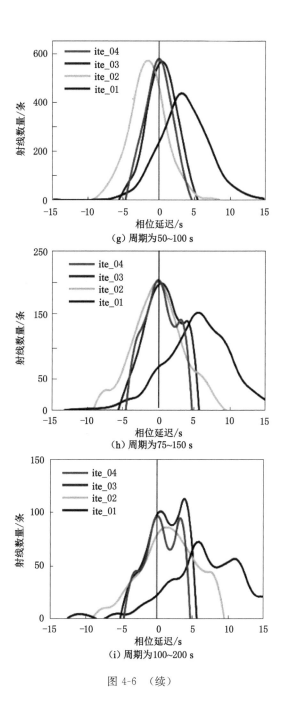

（g）周期为50~100 s

（h）周期为75~150 s

（i）周期为100~200 s

图 4-6　（续）

态与盆地构造的轮廓基本吻合,从而表明了我们得到的结果更具有一定的可靠性。

另外,我们还统计了观测波形与理论合成波形相位差的每次迭代测量数量和每次迭代的互相关系数。从理论上讲,如果反演的模型越接近真实模型,理论合成波形就越接近观测波形,从而使得观测波形与理论合成波形相位差的测量数量也逐渐增多。同理,观测波形与理论合成波形之间的互相关系数也会逐渐提高。从图 4-9 可以看出:观测波形与理论合成波形相位差的测量数量从第一次迭代的不足 10 000 条,到第 4 次迭代时已经增加到超过 15 000 条。观测波形与理论合成波形之间的互相关系数也从第一次迭代的 0.6 增大到第 4 次迭代时的 0.7。总的来说,说明我们的反演模型随着迭代次数的增加而逐渐得到改善。

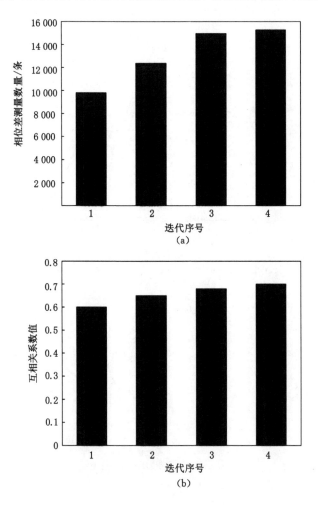

图 4-9 每次迭代反演的相位差测量数量及互相关系数统计

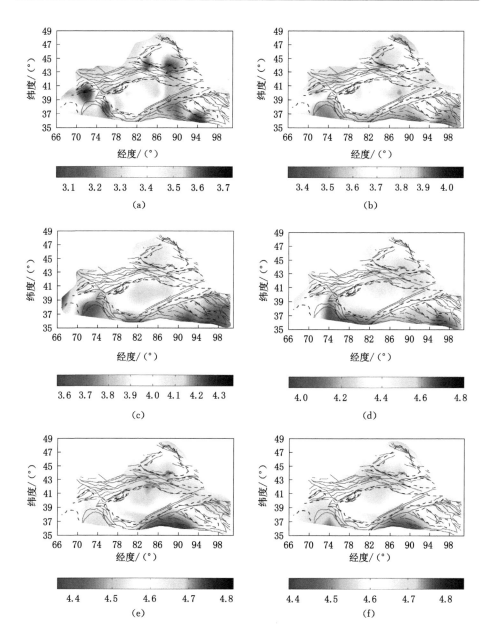

图 4-7 不同深度处的初始 S 波速度结构

（初始速度模型为 2°×2° 全球地壳上地幔剪切波速度 CUB 模型，

Shapiro and Ritzwoller，2002）

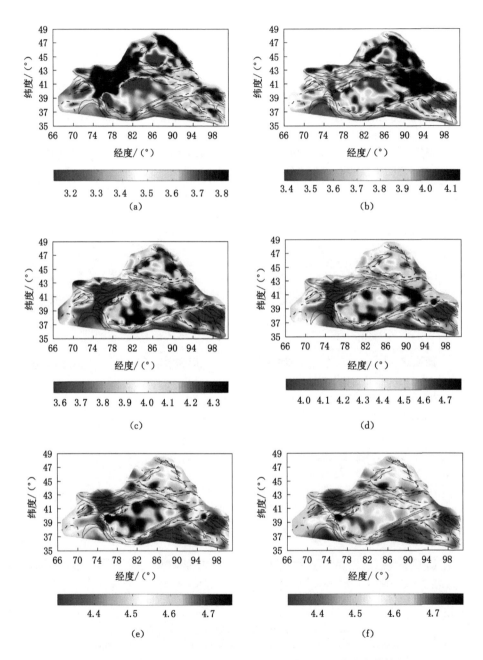

图 4-8　第 1 次迭代反演之后的不同深度处的 S 波速度结构

相位差的标准差可以反映理论模型与真实模型之间的离散程度,可以作为不确定性的一种评价手段。我们统计了每次迭代不同频率范围时相位差的标准差的分布情况。从图 4-10 可以看出:第一次迭代不同周期相位差的标准差分别为 10.85 s(7~15 s)、10.77 s(10~20 s)、10.11 s(15~25 s)、4.35 s(20~35 s)、3.86 s(25~50 s)、3.22 s(35~75 s)、3.56 s(50~100 s)、4.60 s(75~150 s)和 5.33 s(100~200 s),标准差大于 10 s 的主要为短周期 7~15 s、10~20 s、15~25 s。表明初始模型的地壳模型与真实模型相差较大,经过 4 次迭代后所有周期的相位差的标准差都小于 3 s,表明反演模型整体上都得到一定改善。

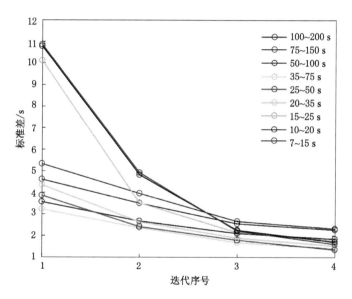

图 4-10 每次迭代反演的相位差的标准差

4.2.3 反演模型的分辨率

在对反演结果进行深入讨论之前需要对速度模型的空间分辨能力进行检测。瑞利面波水平方向的分辨率主要取决于台站的分布和射线的覆盖密度,而在垂直深度方向上主要取决于面波的波长。从台站对之间的射线分布(图 4-11)可以看出:在短周期[7~100 s,图 4-11(a)至图 4-11(f)],整个天山地区都有比较好的射线覆盖,而在长周期[图 4-11(h)至图 4-11(f)],由于西天山地区的台站数据质量问题,西天山地区基本没有长周期的射线覆盖。

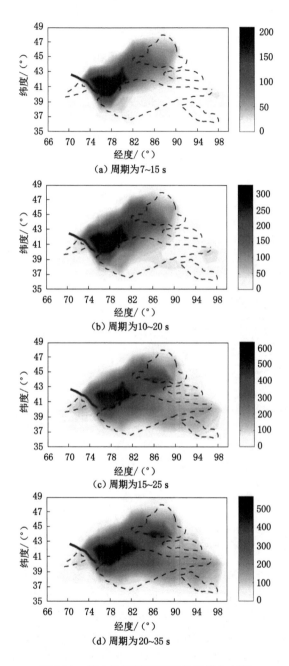

图 4-11　天山地区不同周期的射线分布图

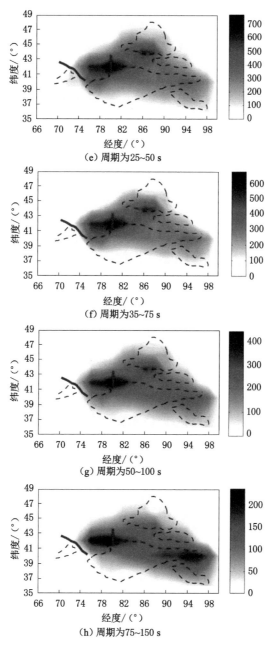

（e）周期为25~50 s

（f）周期为35~75 s

（g）周期为50~100 s

（h）周期为75~150 s

图 4-11　（续）

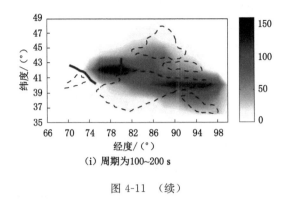

(i) 周期为100~200 s

图 4-11 （续）

为了验证层析成像所用资料的空间分辨能力，本研究实施了一系列检测板试验来评估所采用的数据集的重建能力。基于有限频方法的检测板实验，一般先给定一个输入模型，然后通过三维有限频敏感核计算出理论走时，同时理论走时加入随机分布的噪声。合成的理论走时 Δt_{syn} 为：

$$\Delta t_{syn} = \mathbf{G} \cdot \Delta c_{syn} + t_{noise} \tag{4-1}$$

式中，$\mathbf{G}$ 为敏感核矩阵；Δc_{syn} 为输入模型，此处采用正、负相间的速度扰动模型；t_{noise} 为加入的随机噪声，采用标准差为 0.05 s 的高斯随机噪声。反演过程中所选用的约束参数和实际数据反演中所选用的参数一致。

构建了一系列不同网格大小的速度异常模型，水平网格大小分别为 125 km、150 km、200 km，并在输入模型中加入正、负交替变化的速度扰动幅度 ±10%（图 4-12 至图 4-14）。从不同尺度的检测板实验可以看出：由于射线覆盖比较密集，天山山脉地区的检测板的恢复能力非常强。尽管塔里木盆地内部没有台站，但是位于塔里木盆地南部边缘的台站为本研究补充了更多的射线覆盖，从而提高了塔里木盆地内部地区的分辨率。整体来说，在 11~93 km 深度范围内，异常的幅度和模式都可以很好恢复，而在更深的位置处，异常模式的模型基本可以恢复，但异常的幅度有所减小。从垂直方向的检测板实验也可以看出（图 4-15）：目前数据的最小的垂直方向恢复尺度约为 10 km，90 km 深度以下的异常幅度的恢复能力相对减弱。

4.2.4 天山地区 S 波速度结构

整个天山地区的地壳和上地幔速度结构呈现出明显的横向不均匀性，S 波速度结构表现出与区域的主要构造单元具有密切的相关性。相比前人的研究结果（Lei and Zhao，2007；Roecker et al.，1993；Xu et al.，2002），本研究展示了更精细可靠的构造特征，例如中天山地区上地幔的低波速异常以及塔里木盆地下

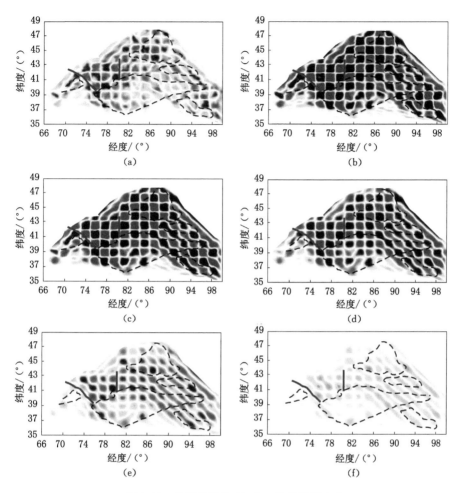

图 4-12　异常尺度为 125 km 的检测板实验

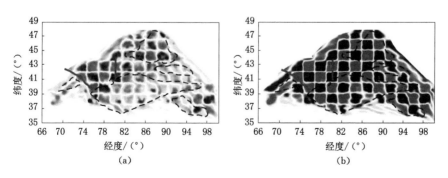

图 4-13　异常尺度为 150 km 的检测板实验

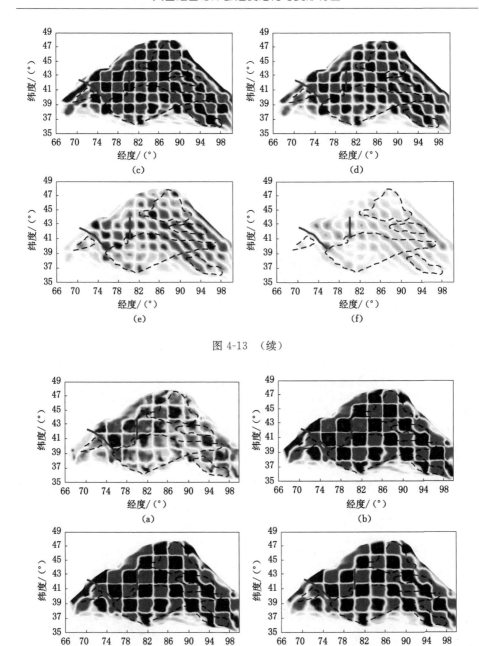

图 4-13 （续）

图 4-14 异常尺度为 200 km 的检测板实验

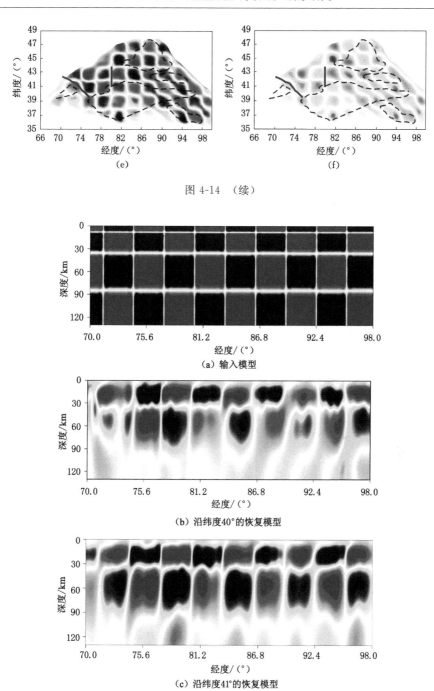

(e)　(f)

图 4-14　（续）

（a）输入模型

（b）沿纬度40°的恢复模型

（c）沿纬度41°的恢复模型

图 4-15　垂直方向检测板实验（剖面位置分别为沿纬度 40°、41°、42°方向）

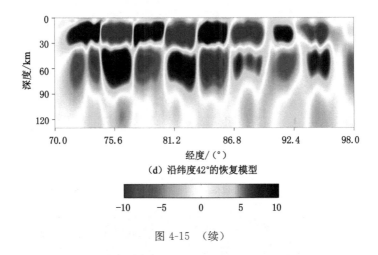

（d）沿纬度42°的恢复模型

图 4-15 （续）

方的高速地幔岩石圈的构造形态。另外，从上地壳到上地幔，费尔干纳断裂两侧形成明显的速度对比，表明费尔干纳断裂可能是一条岩石圈尺度的断裂带。塔里木盆地和天山造山带壳幔之间的速度转换也存在显著变化，基本与前人所给出的 Moho 深度分布结果一致（图 4-16，Stolk et al.，2003）。

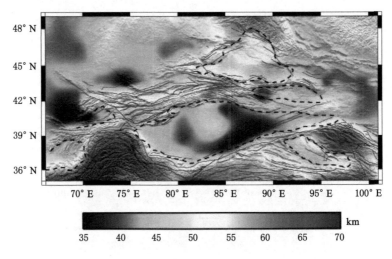

图 4-16 天山地区 Moho 深度分布（Stolk et al.，2003）

在本研究中收集了整个天山地区更多的台站，并采用先进的全波形背景噪声层析成像方法开展三维 S 波速度结构的研究。更重要的是，本研究所给出的三维 S 波速度结构模型涵盖整个天山地区，从而能够更加清晰地比较东天山、中天山、西天山以及周围盆地之间的结构差异。接下来重点介绍塔里木盆地和准噶尔盆地以及天山造山带地区的速度异常特征。

（1）塔里木盆地和准噶尔盆地

在 11 km 深度处，塔里木盆地和准噶尔盆地表现为明显的低波速构造，平均剪切波速为 3.0 km/s，并且这些低波速异常的形态与塔里木盆地和准噶尔盆地的轮廓十分吻合[图 4-17(a)]。在 28 km 深度处，塔里木盆地内部的低波速异常分布十分不均匀，在最北部和最西部的速度最低[图 4-17(b)]。在 28 km 深度至更深的上地幔区域，准噶尔盆地和塔里木盆地下方存在一个低波速到高波速的转换。在 42～93 km 深度范围内，准噶尔盆地和塔里木盆地下方表现为更加不均匀的高速异常[图 4-17(c)至图 4-17(e)]。从垂直方向 S 波速度结构剖面（图 4-18）可以看出：塔里木盆地的高速岩石圈地幔似乎已经向北延伸至东天山和中天山的下方，并且准噶尔盆地高速岩石圈已向南延伸至东天山的下方。

（2）天山造山带

天山造山带的不同分段呈现出明显的横向不均匀性。沿着山脉的走向，西天山、中天山和东天山的地壳上地幔呈现出不同的构造特征。从图 4-17 可以发现：费尔干纳断裂两侧从地表到上地幔形成明显的速度对比，这也进一步表明费尔干纳断裂可以作为中天山和西天山的地理边界。在 11～28 km 深度处，西天山表现为高波速异常[图 4-17(a)、图 4-17(b)]。而在 42 km 深度处，该区域则转变为低波速异常，并且该低波速异常一直延伸至上地幔[图 4-17(c)至图 4-17(e)]。在 93 km 深度处，西天山呈现出明显的低波速异常特征[WLVZ，图 4-17(e)]，并且该低波速异常的幅度随着深度的增加而逐渐减小。

中天山地区的浅部地壳表现为明显的高波速异常，S 波速度值大于 3.6 km/s[图 4-17(a)]，在 28 km 深度处，中天山则表现为相对的低波速构造[图 4-17(b)]，S 波速度小于 3.4 km/s，并且该低速异常特征一直延伸到上地幔岩石圈[图 4-17(b)至图 4-17(f)]，上地幔岩石圈区域的 S 波速度约为 4.3 km/s。从深度方向看，该低波速异常从下地壳到上地幔表现出类似的几何学特征（CLVZ），其横向的伸展范围与中天山的地理边界基本一致[图 4-18(a)、图 4-18(b)]。同时，在中天山下方的低波速上地幔内，在 80～130 km 深度范围内发现一个小尺度的高波速特征[图 4-18(a)]，平均剪切波速约为 4.4 km/s。

东天山区域的中上地壳主要表现为高波速异常，与南北两侧的低波速的塔里木盆地和准噶尔盆地形成明显的速度对比[图 4-17(a)、图 4-17(b)]。在浅层地壳中，中天山至东天山呈现由高到低的波速转变，东天山区域表现为相对低的浅层波速构造[图 4-17(a)]，而从 42 km 深度处至上地幔，中天山至东天山则表现为由低到高波速转变[图 4-17(c)至图 4-17(e)]。通过对整个天山造山带地幔岩石圈进行对比可以发现中天山区域的 S 波速度明显低于西天山和东天山的[图 4-18(e)]。

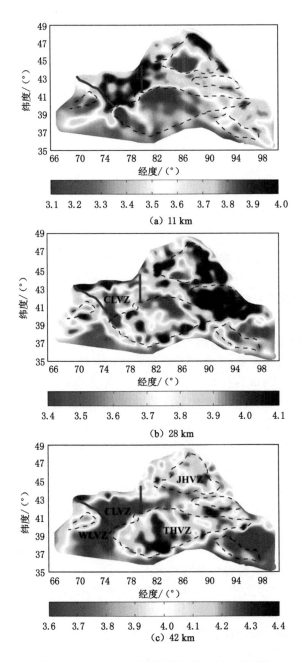

图 4-17　天山地区不同深度处的 S 波速度结构

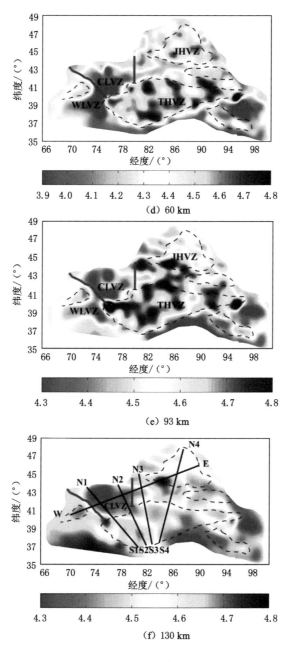

(d) 60 km

(e) 93 km

(f) 130 km

图 4-17 　（续）

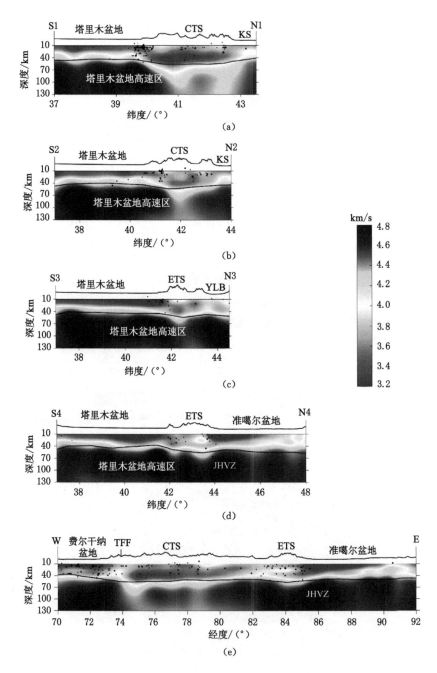

图 4-18　垂直方向剖面 S 波速度结构

4.3　讨论

　　天山造山带包含了许多独特的地质构造,通常认为这些构造特征与晚新生代以来的印度-欧亚板块的大陆碰撞密切相关(Burtman,1975;Neil and Houseman,1997;Abdrakhmatov et al.,1996)。目前,学者普遍认为:由于印度板块的北向俯冲,致使塔里木盆地向北俯冲至天山造山带下方(Roecker et al.,1993;Lei,2011;Ghose et al.,1998;Xu et al.,2002;Guo et al.,2006;Friederich,2003;Kufner et al.,2016)。天山造山带的形成与变形机制与塔里木盆地岩石圈的俯冲作用密切相关(Burtman,1975;Abdrakhmatov et al.,1996;Neil and Houseman,1997;Zubovich et al.,2010)。本研究采用先进的全波形背景噪声层析成像方法,构建了一个可靠的高分辨率三维 S 波速度结构模型,更好地揭示了整个天山地区不同地质构造单元之间的速度变化特征,例如中天山下方下地壳至上地幔的低波速异常体以及塔里木盆地和准噶尔盆地岩石圈的俯冲特征。与前人的体波或者传统的面波层析成像的结果相比(Roecker et al.,1993;Friederich,2003;Lei and Zhao,2007),这些构造的几何特征得到了更清楚展现。这些研究结果暗示天山造山带的地壳和地幔岩石圈已受到了一系列变形和改造过程,从而为天山造山带的动力学机制提供了新的地震学约束。

　　在西天山区域,浅部地壳表现为明显的高波速异常[图 4-17(a)、图 4-17(b)],这与该地区大规模的新生代片麻岩的地理分布一致(Rutte et al.,2017)。在下地壳和岩石圈地幔中,西天山则表现为类似弧形的低波速异常(WLVZ),这些低波速异常可能代表了已俯冲至西天山下方的欧亚板块岩石圈的地壳部分。前人研究发现该地区存在高波速比(v_p/v_s)、高导电性和高表面热流(Sippl et al.,2013;Sass et al.,2014;Duchkov et al.,2001),这与本研究结果基本一致。Li et al.(2018)的研究结果表明在这些低波速异常的下面还存在一个高波速异常,推测欧亚大陆的岩石圈已向南俯冲至费尔干纳盆地和帕米尔地区下方,这也得到了地震层析成像和接收函数等研究结果的支持(图 4-19;Kumar et al.,2005;Schneider et al.,2013;Li et al.,2018)。GPS 测量结果表明:西天山和帕米尔地区经历了强烈的地壳缩短变形(Zubovich et al.,2010)。这种强烈的变形过程可能导致欧亚大陆岩石圈的地壳部分俯冲至地幔深度(Schmidt et al.,2011)。源于 90～100 km 处喷发至地表的岩石包体也被认为是地壳俯冲结果(Hacker et al.,2005)。总的来说,西天山下方的上地幔低波速异常(WLVZ)可能是已经俯冲至西天山地区的欧亚大陆岩石圈的地壳部分(图 4-19,Sippl et al.,2013;Schneider et al.,2013)。

　　在东天山区域,塔里木盆地和准噶尔盆地下方的上地幔呈现为明显的高波速

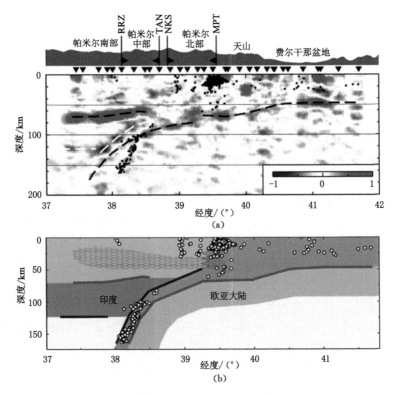

图 4-19　印度-欧亚板块碰撞示意图（Schneider et al.，2013）
（本研究中弧形低波速异常 WLVZ 可能是欧亚大陆俯冲的地壳部分）

异常，并且与东天山下方的高波速异常连接在一起，暗示塔里木盆地的岩石圈（THVZ）和准噶尔盆地的岩石圈（JHVZ）已经俯冲至东天山的下方（图 4-20）。地质调查和震源机制研究表明该地区大地震的破裂主要以逆冲断层为主，这可能与塔里木盆地的北向俯冲有关（Ni，1978；Burtman，2015）。地震测深、大地电磁和重力数据的联合反演表明塔里木盆地的下地壳和岩石圈地幔可能已俯冲到东天山下方（Zhao et al.，2003）。体波层析成像研究结果进一步表明塔里木盆地和准噶尔盆地的岩石圈已俯冲到东天山下方 200 km 深度处（Xu et al.，2002；Guo et al.，2006）。在塔里木盆地和准噶尔盆地两个刚性块体的双向挤压下，塔里木盆地与天山造山带的地壳上地幔是层间插入与俯冲消减的过程（赵俊猛 等，2001）。塔里木盆地的中上地壳插入天山造山带的中下地壳，塔里木盆地的下地壳连同岩石圈地幔俯冲到天山造山带的上地幔并消减。同时，由于塔里木地块的下地壳物质被带到天山造山带的上地幔，使东天山成为低密度与低波速块体，在重力均衡作用下致使东天山隆升，而隆升的速度与塔里木盆地向东天山下方俯冲消减的速度有关。

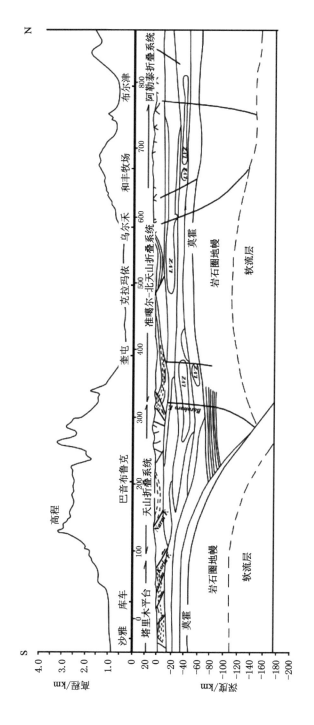

图4-20　东天山区域本书研究结果与前人给出的模型(Zhao et al., 2003)的对比

在中天山区域,从 28 km 深度处一直到上地幔,中天山表现为显著的低波速异常(CLVZ,图 4-17 和图 4-18),与周围的构造块体形成明显差异。值得注意的是,中天山的中下地壳存在一个极其低的低速层,并且该低速层的横向范围与中天山的地理边界基本一致[图 4-18(a)、图 4-18(b)],表明中天山地区的中下地壳可能存在部分熔融,这也得到了中天山地区铁镁岩包体分析结果的支持(Zheng et al.,2006;Bagdassarov et al.,2011)。

大量研究结果表明中天山的下方存在明显的低波速异常(Roecker et al.,1993;Kosarev et al.,1993;Oreshin et al.,2002;Bielinski et al.,2003;Vinnik et al.,2004;Li et al.,2009;Tian et al.,2010;Makarov et al.,2010;Lei and Zhao,2007;Lei,2011;Gao et al.,2013;Li et al.,2012;Gilligan et al.,2014;Li et al.,2016;Lü and Lei,2018;Sychev et al.,2018)。有学者认为塔里木盆地的岩石圈已北向俯冲至中天山的下方,并可能导致岩石圈拆离,触发了地幔热物质的上涌,从而导致我们所观测到的低速异常(图 4-21;Lei and Zhao,2007;Koulakov et al.,2011;Chen et al.,1997;Li et al.,2009;Tian et al.,2010;Yu et al.,2017)。也有学者认为该低速异常可能与小地幔柱(Friederich,2003;Sobel and Arnaud,2000;Vinnik et al.,2004)或与小尺度的地幔对流有关(Tian et al.,2010)。尽管关于低波速异常的成因仍然存在很大争议,但是大家的普遍共识是中天山下方的地幔岩石圈已明显弱化。这里我们认为地幔热物质上涌可能是波速减小和岩石圈弱化的主要原因,并且上涌的地幔热物质往往会伴随着一定的热膨胀,有利于进一步促进中天山的快速隆起。

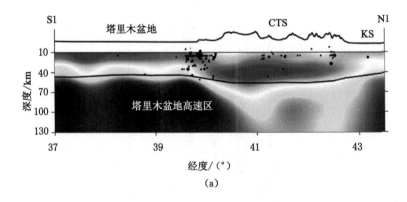

图 4-21　中天山区域本书研究结果与前人给出的模型(Koulakov,2011)的对比

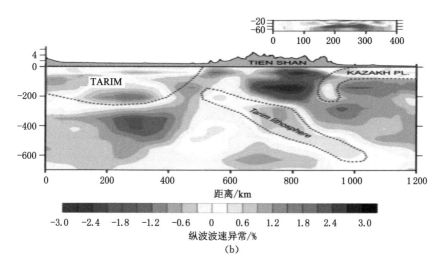

图 4-21　（续）

4.4　本章小结

本研究基于周期为 7～200 s 的 Rayleigh 面波经验格林函数开展天山地区全波形背景噪声层析成像研究。研究结果表明：整个天山地区的 S 波速度结构具有显著的横向非均匀性，并且与地表的地质构造具有很好的相关性。中天山-塔里木盆地的碰撞边缘呈现明显的高波速异常，暗示塔里木盆地的岩石圈可能已经俯冲至中天山下方。中天山地区的下地壳到上地幔存在明显的低波速异常，可能与地幔热物质的上涌过程密切相关。相比中天山地区的低波速异常，东天山的地幔岩石圈则呈现出相对的高波速异常，暗示塔里木盆地和准噶尔盆地的岩石圈已经俯冲至东天山的下方，可能一定程度上阻碍了地幔热物质的上涌。西天山的上地幔区域所呈现出的弧状低波速异常则可能与欧亚大陆岩石圈的俯冲消减过程有关。

总的来说，基于本研究目前的层析成像结果，笔者认为天山造山带的不同分段可能经历了不同的动力学过程（图 4-22）。塔里木盆地和准噶尔盆地的双向俯冲可能是东天山形成和演化的主要动力来源。同时塔里木盆地的俯冲也是中天山形成演化的重要因素，而地幔热物质的上涌则可能是促进中天山地幔岩石圈弱化的主要原因。西天山的形成演化过程可能与欧亚大陆岩石圈的南向俯冲密切相关。

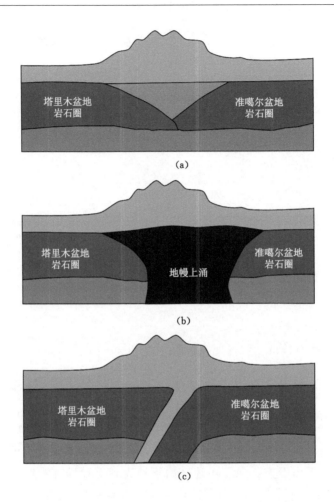

图 4-22　西天山、中天山以及东天山的动力学模型

第5章 结论与展望

5.1 结论

本书利用整个天山地区 2012—2014 年期间 5 个台网 108 个台站的背景噪声资料开展天山地区不同分段的变形机制和岩石圈结构研究。首先,利用周期为 8～50 s 的 Rayleigh 面波相速度频散数据开展了天山地区方位各向异性的研究工作。然后,基于周期为 7～200 s 的 Rayleigh 面波经验格林函数,开展了天山地区的全波形背景噪声层析成像的研究工作。最后,结合天山地区的地质构造、地震学以及岩石学等资料,综合探讨了天山造山带的地壳上地幔速度结构和可能的动力学机制。主要获得以下结论:

(1) 浅部结构的瑞利面波相速度表现出与地表的地质构造单元具有较强的相关性。低波速异常主要分布于沉积层厚度较大的盆地地区,而高波速异常主要分布于构造活动比较活跃的山脉地区。相比东天山和西天山,中天山下方表现为明显的低波速异常,表明中天山地幔岩石圈已遭受弱化。

(2) 东天山区域的上地幔方位各向异性为近 NS 向,暗示塔里木盆地和准噶尔盆地的岩石圈已经俯冲至东天山下方。中天山区域的上地幔方位各向异性比较复杂,表明地幔热物质的上涌可能对介质的各向异性产生一定影响。西天山区域上地幔方位各向异性为近 NW 向,可能与欧亚板块的大陆岩石圈南向俯冲有关。

(3) 整个天山地区的 S 波速度结构具有显著的横向不均匀性,并且与地表的地质构造具有很好的相关性。天山山脉地区表现为沿山脉走向的高波速异常,而塔里木盆地和准噶尔盆地低波速异常的形态与它们的构造轮廓十分吻合。

(4) 东天山区域的上地幔岩石圈表现为明显的高波速异常,并且与塔里木盆地和准噶尔盆地下方的高波速异常连接在一起,暗示塔里木盆地的岩石圈和准噶尔盆地的岩石圈已经俯冲至东天山下方。

(5) 中天山区域的中下地壳和上地幔都表现为低波速异常,表明该地区可能存在地幔热物质上涌并导致中下地壳部分熔融。塔里木盆地的岩石圈已俯冲至中天山下方,是中天山快速隆起的重要原因。

(6)西天山区域呈现出类似弧形的上地幔低波速异常,结合该区域已观测到的高波速比、高导电性和高表面热流现象,推测该弧形异常可能代表已俯冲至西天山下方的欧亚板块岩石圈的地壳部分。

(7)天山造山带的不同分段经历了不同的动力学过程。塔里木盆地和准噶尔盆地的双向俯冲是东天山和中天山形成和演化的动力来源。地幔热物质上涌可能是中天山地幔岩石圈弱化的主要原因。西天山的形成演化过程则与欧亚板块的大陆俯冲密切相关。

5.2　展望

本研究中所提取到的 Rayleigh 面波经验格林函数在长周期(75～150 s,100～200 s)的射线数量相对较小,特别是西天山地区,致使约 100 km 深度以下的分辨率相对较低,对于认识天山地区更深层次的构造有所不足。因此,笔者拟在以后的研究工作中收集和叠加更长时间的背景噪声资料并结合区域中强地震资料,提取更多的高信噪比的长周期 Rayleigh 面波信号,增大长周期射线的覆盖密度,从而提高深部结构的分辨率。同时,拟考虑提取高信噪比的短周期 Rayleigh 面波信号(2～10 s),增强对浅部 S 波速度结构的抑制,整体提高天山地区地壳上地幔速度结构模型的分辨率。

参 考 文 献

鲍子文,高原,2017.天山构造带及邻区地壳各向异性[J].地球物理学报,60(4):
　　1359-1375.

房立华,吴建平,吕作勇,2009.华北地区基于噪声的瑞利面波群速度层析成像
　　[J].地球物理学报,52(3):663-671.

冯昌格,刘绍文,王良书,等,2009.塔里木盆地现今地热特征[J].地球物理学报,
　　52(11):2752-2762.

高锐,肖序常,高弘,等,2002.西昆仑-塔里木-天山岩石圈深地震探测综述[J].
　　地质通报,21(1):11-18.

郭飚,刘启元,陈九辉,等,2006.中国境内天山地壳上地幔结构的地震层析成像
　　[J].地球物理学报,49(6):1693-1700.

郭志,高星,王卫民,等,2010.采用地震背景噪音成像技术反演天山及周边区域
　　地壳剪切波速度结构[J].科学通报,55(26):2627-2634.

国家测震台网数据备份中心,2007.国家测震台网地震波形数据[EB/OL].
　　http://www.seisdmc.ac.cn.

侯贺晟,高锐,贺日政,等,2010.盆山结合部近地表速度结构与静校正方法研究:
　　以西南天山与塔里木盆地接合部为例[J].石油物探,49(1):7-12.

贾承造,孙德龙,周新源,等,2004.塔里木盆地石油地质与勘探丛书-塔里木盆地
　　板块构造与大陆动力学[M].北京:石油工业出版社:1-202.

江丽君,李永华,吴庆举,2010.中天山及邻区S波分裂研究及其动力学意义[J].
　　地球物理学报,53(6):1399-1408.

雷显权,陈运平,赵俊猛,等,2012.天山造山带深部探测及地球动力学研究进展
　　[J].地球物理学进展,27(2):417-428.

李昱,姚华建,刘启元,等,2010.川西地区台阵环境噪声瑞利波相速度层析成像
　　[J].地球物理学报,53(4):842-852.

刘保金,沈军,张先康,等,2007.深地震反射剖面揭示的天山北缘乌鲁木齐坳陷
　　地壳结构和构造[J].地球物理学报,50(5):1464-1472.

刘启元,陈九辉,李顺成,等,2000.新疆伽师强震群区三维地壳上地幔S波速度

结构及其地震成因的探讨[J].地球物理学报,43(3):356-365.

鲁来玉,丁志峰,何正勤,2011.浅层有限频率面波成像中的3D灵敏度核分析[J].地球物理学报,54(1):55-66.

吕子强,雷建设,2016.2015年尼泊尔Ms8.1地震震源区S波三维速度结构与强震发生机理研究[J].地球物理学报,59(12):4529-4543.

潘佳铁,吴庆举,李永华,等,2014.中国东北地区噪声层析成像[J].地球物理学报,57(3):812-821.

唐小勇,范文渊,冯永革,等,2011.新疆地区环境噪声层析成像研究[J].地球物理学报,54(8):2042-2049.

唐有彩,陈永顺,杨英杰,等,2011.华北克拉通中部地区背景噪声成像[J].地球物理学报,54(8):2011-2022.

王良书,李成,施央申,1995.塔里木盆地大地热流分布特征[J].地球物理学报,38(6):855-856.

杨卓欣,张先康,嘉世旭,等,2006.伽师强震群区震源细结构的深地震反射探测研究[J].地球物理学报,49(6):1701-1708.

王椿镛,楼海,魏修成,2001.天山北缘的地壳结构和1906年玛纳斯地震的地震构造[J].地震学报,23(5):460-470.

瞿辰,杨文采,于常青,2013.塔里木盆地地震波速扰动及泊松比成像[J].地学前缘(中国地质大学(北京);北京大学),20:2-11.

赵俊猛,李植纯,马宗晋,2003.天山分段性的地球物理学分析[J].地学前缘(中国地质大学(北京);北京大学),10:125-131.

赵俊猛,刘国栋,卢造勋,等,2001.天山造山带与准噶尔盆地壳慢过渡带及其动力学含义[J].中国科学(D辑),31(4):272-282.

赵俊猛,张先康,邓宏钊,等,2003.拜城—大柴旦剖面的上地壳Q值结构[J].地球物理学报(46):503-509.

张培震,邓起东,张竹琪,等,2013.中国大陆的活动断裂、地震灾害及其动力过程[J].中国科学:地球科学,43:1607-1620.

张先康,赵金仁,张成科,等,2002.帕米尔东北侧地壳结构研究[J].地球物理学报,2002,45(5):665-671.

张忠杰,许忠淮,2013.地震学百科知识-地震各向异性[J].国际地震动态,6:34-41.

郑秀芬,欧阳飚,张东宁,等,2009."国家测震台网数据备份中心"技术系统建设及其对汶川大地震研究的数据支撑[J].地球物理学报,52(5):1412-1417.

ABDRAKHMATOV K, ALDAZHANOV S, HAGER B, et al. , 1996. Relatively recent construction of the Tien Shan inferred from GPS measurements of present-day crustal deformation rates[J]. Nature,384:450-453.

AMMON C J,RANDALL G E,ZANDT G,1990. On the non-uniqueness of receiver function inversions[J]. J. Geophys. Res. ,95(15):303-315,318.

BAGDASSAROV N,BATALEV V,EGOROVA V,2011. State of lithosphere beneath Tien Shan from petrology and electrical conductivity of xenoliths [EB]. J. Geophys. Res. ,116. http://dx. doi. org/10. 1029/2009JB007125.

BENSEN G D,RITZWOLLER M H,BARMIN M P,et al. ,2007. Processing seismic ambient noise data to obtain reliable broad-band surface wave dispersion measurements[J]. Geophys. J. Int. ,169:1239-1260.

BIELINSKI R A, PARK S K, RYBIN A, et al. , 2003. Lithospheric heterogeneity in the Kyrgyz Tien Shan imaged by magnetotelluric studies [J]. Geophys. Res. Lett. ,30(15):1806.

BROCHER T M,2005. Empirical relations between elastic wavespeeds and density in the Earth's crust[J]. Bull. Seismol. Soc. Am,95(6):2081-2092.

BURTMAN V S,1975. Structural geology of the Variscan Tien Shan[J]. American journal of sciences,275A:157-186.

BURTMAN V S,2015. Tectonics and geodynamics of the Tian Shan in the Middle and Late Paleozoic[J]. Geotectonics,49(4):302-319.

CAMPILLO M,PAUL A,2003. Long-range correlations in the diffuse seismic coda[J]. Science,299(5606):547-549.

CHANG S J,BAAG C E,LANGSTON C A,2004. Joint analysis of teleseismic receiver functions and surface wave dispersion using the genetic algorithm [J]. Bull. seism. Soc. Am. ,94:691-704.

CHEN M,HUANG H,YAO H,et al. ,2014. Low wave speed zones in the crust beneath SE Tibet revealed by ambient noise adjoint tomography[J]. Geophys. Res. Lett. ,41:334-340.

CHEN P,JORDAN T H,ZHAO L,2007. Full three-dimensional tomography:a comparison between the scattering-integral and adjoint-wavefield methods [J]. Geophys. J. Int. ,170:175-181.

CHEN Y,ROECKER S,KOSAREV G,1997. Elevation of the 410 km discontinuity beneath the central Tien Shan:evidence for a detached lithospheric root[J]. Geophys. Res. Lett. ,24:1531-1534.

CHERIE S,GAO S,LIU K,et al. ,2016. Shear wave splitting analyses in Tian

Shan:Geodynamic implications of complex seismic anisotropy[J]. Geochem. geophys. geosyst,17:55-62.

CHRISTENSEN N I, MOONEY W D, 1995. Seismic velocity structure and composition of the continental crust:A global view[J]. J. Geophys. Res. , 100:9761-9788.

CRAIG T J, COPLEY A, JACKSON J, 2012. Thermal and tectonic consequences of India underthrusting Tibet[J]. Earth Planet. Sci. Lett. ,353-354(5):231-239.

DAHLEN F A, HUNG S H, NOLET G, 2000. Fr'echet kernels for finite-frequency traveltimes-I,theory[J]. Geophys. J. Int. ,141:157-174.

DUCHKOV A D, SHVARTSMAN Y G, SOKOLOVA L S, 2001. Deep heat flow in the Tien Shan:advances and drawbacks [J]. Geol. Geofiz. , 42: 1516-1531.

ENGDAHL R, HILST R D, BULAND R, 1998. Global teleseismic earthquake relocation with improved travel times and procedures for depth determination [J]. Bull. Seismol. Soc. Am. ,88:722-743.

ENGLAND C, HOUSEMAN G, 1985. The influence of lithospheric strength heterogeneities on the tectonics of Tibet and surrounding regions [J]. Nature,315:297-310.

FLEITOUT L, FROIDEVAUX C, 1982. Tectonics and topography for a lithosphere containing density heterogeneities. Tectonics,1:21-56.

FRIEDERICH W,2003. The S-velocity structure of the East Asianmantle from inversion of shear and surface waveforms[J]. Geophys. J. Int. ,153:88-102.

FU B, LIN A, KANO K, et al. ,2003. Quaternary folding of the eastern Tian Shan,northwest China[J]. Tectonophysics,369:79:101.

GAO H, SHEN Y, 2014. Upper mantle structure of the Cascades from full-wave ambient noise tomography:Evidence for 3D mantle upwelling in the back-arc[J]. Earth Planet. Sci. Lett. ,390:222-233.

GAO H Y, 2018. Three-dimensional variations of the slab geometry correlate with earthquake distributions at the Cascadia subduction system[J]. Nature communications,9:1204.

GAO R, HOU H, CAI X, et al. , 2013. Fine crustal structure beneath the junction of the southwest Tian Shan and Tarim Basin, NW China [J]. Lithosphere,5(4):382-392.

GHOSE S, HAMBURGER M W, VIRIEUX J, 1998. Three-dimensional velocity structure and earthquake locations beneath the northern Tien Shan of Kyrgyzstan,central Asia[J]. Journal of geophysical research: solid earth, 103(B2):2725-2748.

GILLIGAN A,ROECKER S W,PRIESTLEY K F,et al. ,2014. Shear velocity model for the Kyrgyz Tien Shan from joint inversion of receiver function and surface wave data[J]. Geophysical journal international,199(1):480-498.

GUO B,LIU Q Y,CHEN J H,et al. ,2006. Seismic tomography of the crust and upper mantle structure underneath the Chinese Tianshan[J]. Chinese journal of geophysics,49(6):1543-1551.

GUO Z, GAO X, YAO H J, et al. , 2017. Depth variations of azimuthal anisotropy beneath the Tian Shan Mt range(NW China)from ambient noise tomography[J]. Journal of Asian earth sciences,138:161-172.

HACKER B, LUFFI P, LUTKOV V, et al. , 2005,. Near-ultrahigh pressure processing of continental crust: Miocene crustal xenoliths from the Pamir [J]. Journal of petrology,46(8):1661-1687.

HAN Y G,ZHAO G C,2018. Final amalgamation of the Tianshan and Junggar orogenic collage in the southwestern Central Asian Orogenic Belt:constraints on the closure of the Paleo-Asian Ocean[J]. Earth science reviews, 186: 129-152.

HUANG T Y,GUNG Y,KUO B Y,et al. ,2015. Layered deformation in the Taiwan orogeny[J]. Science,349(6249):720-723.

HUNG S H,DAHLEN F A,NOLET G,2001. Wavefront healing: a banana-doughnut perspective[J]. Geophysical journal international,146(2):289-312.

HE P L, HUANG X L, XU Y G, et al. , 2016. Plume-orogenic lithosphere interaction recorded in the Haladala layered intrusion in the Southwest Tianshan Orogen,NW China[J]. Journal of geophysical research: solid earth, 121(3):1525-1545.

HENDRIX M S,GRAHAM S A,CARROLL A R,et al. ,1992. Sedimentary record and climatic implications of recurrent deformation in the Tian Shan: evidence from Mesozoic strata of the North Tarim, south Junggar, and Turpan Basins,Northwest China[J]. Geological society of america bulletin, 104(1):53-79.

JULIÀ J, AMMON C J, HERRMANN R B,et al. , 2000. Joint inversion of receiver function and surface wave dispersion observations[J]. Geophysical journal international,143(1):99-112.

KENNETT B L N,ENGDAHL E R,BULAND R,1995. Constraints on seismic velocities in the Earth from traveltimes[J]. Geophysical journal international, 122(1):108-124.

KOSAREV G L, PETERSEN N V, VINNIK L P, et al. , 1993. Receiver functions for the Tien Shan Analog Broadband Network:contrasts in the evolution of structures across the Talasso-Fergana Fault[J]. Journal of geophysical research:solid earth,98(B3):4437-4448.

KOULAKOV I,2011. High-frequency P and S velocity anomalies in the upper mantle beneath Asia from inversion of worldwide traveltime data[J]. Journal of geophysical research:solid earth,116(b4):b04301.

KUFNER S K, SCHURR B, SIPPL C, et al. , 2016. Deep India meets deep Asia:Lithospheric indentation, delamination and break-off under Pamir and Hindu Kush(Central Asia)[J]. Earth and planetary science letters, 435: 171-184.

KUMAR P, YUAN X, KIND R, et al. , 2005. The lithosphere-asthenosphere boundary in the Tien Shan-Karakoram region from S receiver functions:evidence for continental subduction[J]. Geophysical research letters,32(7):L07305.

LEI J S, ZHAO D P, 2007. Teleseismic P-wave tomography and the upper mantle structure of the central Tien Shan orogenic belt[J]. Physics of the earth and planetary interiors,162(3/4):165-185.

LEI J S, 2011. Seismic tomographic imaging of the crust and upper mantle under the central and western Tien Shan orogenic belt[J]. Journal of geophysical research:solid earth,116(B9):B09305.

LI A B,CHEN C Z,2006. Shear wave splitting beneath the central Tien Shan and tectonic implications[J]. Geophysical research letters,33(22):L22303.

LI H Y,LI S,SONG X D,et al. ,2012. Crustal and uppermost mantle velocity structure beneath northwestern China from seismic ambient noise tomography[J]. Geophysical journal international,188(1):131-143.

LI X P,ZHANG L F,WILDE S A,et al. ,2010. Zircons from rodingite in the Western Tianshan serpentinite complex:mineral chemistry and U-Pb ages define nature and timing of rodingitization[J]. Lithos,118(1/2):17-34.

LI Y H,SHI L,GAO J Y,2016. Lithospheric structure across the central Tien

Shan constrained by gravity anomalies and joint inversions of receiver function and Rayleigh wave dispersion[J]. Journal of Asian earth sciences, 124:191-203.

LI Z W, ROECKER S, LI Z H, et al. , 2009. Tomographic image of the crust and upper mantle beneath the western Tien Shan from the MANAS broadband deployment: possible evidence for lithospheric delamination[J]. Tectonophysics, 477(1/2):49-57.

LI W, CHEN Y, YUAN X H, et al. , 2018. Continental lithospheric subduction and intermediate-depth seismicity: constraints from S-wave velocity structures in the Pamir and Hindu Kush[J]. Earth and planetary science letters, 482:478-489.

LIN F C, RITZWOLLER M H, TOWNEND J, et al. , 2007. Ambient noise Rayleigh wave tomography of New Zealand[J]. Geophysical journal international, 170(2):649-666.

LIN F C, SCHMANDT B, TSAI V C, 2012. Joint inversion of Rayleigh wave phase velocity and ellipticity using USArray: Constraining velocity and density structure in the upper crust[J]. Geophysical research letters, 39(12): L12303.

LIN F C, SCHMANDT B, TSAI V C, 2012. Joint inversion of Rayleigh wave phase velocity and ellipticity using USArray: Constraining velocity and density structure in the upper crust[J]. Geophysical research letters, 39(12): L12303.

LIU Q Y, VAN DER HILST R D, LI Y, et al. , 2014. Eastward expansion of the Tibetan Plateau by crustal flow and strain partitioning across faults[J]. Nature geoscience, 7(5):361-365.

LIU Q Y, TROMP J, 2008. Finite-frequency sensitivity kernels for global seismic wave propagation based upon adjoint methods [J]. Geophysical journal international, 174(1):265-286.

LÜ Z Q, GAO H Y, LEI J S, et al. , 2019. Crustal and upper mantle structure of the Tien Shan orogenic belt from full-wave ambient noise tomography[J]. Journal of geophysical research: solid earth, 124(4):3987-4000.

LÜ Z Q, LEI J S, 2018. Shear-wave velocity structure beneath the central Tien Shan(NW China) from seismic ambient noise tomography [J]. Journal of Asian earth sciences, 163:80-89.

MACEIRA M, AMMON C J, 2009. Joint inversion of surface wave velocity and gravity observations and its application to central Asian Basins shear velocity structure[J]. Journal of geophysical research: solid earth, 114(b2): b02314.

MAKAROV V I, ALEKSEEV D V, BATALEV V Y, et al. , 2010. Underthrusting of Tarim beneath the Tien Shan and deep structure of their junction zone: main results of seismic experiment along MANAS Profile Kashgar-Song-Köl[J]. Geotectonics, 44(2): 102-126.

MOLNAR P, GHOSE S, 2000. Seismic moments of major earthquakes and the rate of shortening across the Tien Shan[J]. Geophysical research letters, 27(16): 2377-2380.

MOLNAR P, TAPPONNIER P, 1975. Cenozoic Tectonics of Asia: effects of a continental collision: features of recent continental tectonics in Asia can be interpreted as results of the India-Eurasia collision[J]. Science, 189(4201): 419-426.

MONTAGNER J P, 1986. Regional three-dimensional structures using long period surface waves[J]. Annual review of geophysics, 4: 283-294.

NEIL E A, HOUSEMAN G A, 1997. Geodynamics of the Tarim Basin and the Tian Shan in central Asia[J]. Tectonics, 16(4): 571-584.

NI J, 1978. Contemporary tectonics in the Tien Shan region[J]. Earth and planetary science letters, 41(3): 347-354.

NOLET G, DAHLEN F A, 2000. Wave front healing and the evolution of seismic delay times[J]. Journal of geophysical research: solid earth, 105(b8): 19043-19054.

OMURALIEVA A, NAKAJIMA J, HASEGAWA A, 2009. Three-dimensional seismic velocity structure of the crust beneath the central Tien Shan, Kyrgyzstan: implications for large- and small-scale mountain building[J]. Tectonophysics, 465(1/2/3/4): 30-44.

ORESHIN S, VINNIK L, PEREGOUDOV D, et al. , 2002. Lithosphere and asthenosphere of the Tien Shan imaged by S receiver functions [J]. Geophysical research letters, 29(8): 32-1-32-4.

PAIGE C C, SAUNDERS M A, 1982. LSQR: an algorithm for sparse linear equations and sparse least squares[J]. ACM transactions on mathematical software, 8(1): 43-71.

ROECKER S W, SABITOVA T M, VINNIK L P, et al. , 1993. Three-dimensional elastic wave velocity structure of the western and central Tien Shan[J]. Journal of geophysical research:solid earth,98(B9):15779-15795.

RUTTE D,RATSCHBACHER L,KHAN J,et al.,2017. Building the Pamir-Tibetan Plateau-Crustal stacking, extensional collapse, and lateral extrusion in the Central Pamir:2. Timing and rates[J]. Tectonics,36(3):385-419.

SASS P,RITTER O,RATSCHBACHER L,et al.,2014. Resistivity structure underneath the Pamir and Southern Tian Shan [J]. Geophysical journal international,198(1):564-579.

SCHMIDT J,HACKER B R,RATSCHBACHER L,et al.,2011. Cenozoic deep crust in the Pamir[J]. Earth and planetary science letters, 312 (3/4): 411-421.

SCHNEIDER F M, YUAN X, SCHURR B, et al.,2013. Seismic imaging of subducting continental lower crust beneath the Pamir [J]. Earth and planetary science letters,375:101-112.

SHAPIRO N M, CAMPILLO M, 2004. Emergence of broadband Rayleigh waves from correlations of the ambient seismic noise [J]. Geophysical research letters,31(7):l07614.

SHAPIRO N M, CAMPILLO M, STEHLY L, et al., 2005. High-resolution surface-wave tomography from ambient seismic noise [J]. Science, 307 (5715):1615-1618.

SHAPIRO N M, RITZWOLLER M H, 2002. Monte-Carlo inversion for a global shear-velocity model of the crust and upper mantle[J]. Geophysical journal international,151(1):88-105.

SHEN Y,REN Y,GAO H,et al.,2012. An improved method to extract very-broadband empirical Green's functions from ambient seismic noise[J]. Bulletin of the seismological society of America,102(4):1872-1877.

SHEN Y, ZHANG W, 2010. Full-wave ambient noise tomography of the northern Cascadia,SSA meeting(abstract)[J]. Seismol. Res. Lett.,81:300.

SHEN W S,RITZWOLLER M H,SCHULTE-PELKUM V,et al.,2013. Joint inversion of surface wave dispersion and receiver functions: a Bayesian Monte-Carlo approach [J]. Geophysical journal international, 192 (2): 807-836.

SIPPL C, SCHURR B, TYMPEL J, et al., 2013. Deep burial of Asian continental crust beneath the Pamir imaged with local earthquake tomography[J]. Earth and planetary science letters,384:165-177.

SMITH M L,DAHLEN F A,1973. The azimuthal dependence of Love and Rayleigh wave propagation in a slightly anisotropic medium[J]. Journal of geophysical research,78(17):3321-3333.

SOBEL E R,DUMITRU T A,1997. Thrusting and exhumation around the margins of the western Tarim Basin during the India-Asia collision[J]. Journal of geophysical research:solid earth,102(B3):5043-5063.

SOBEL E R,ARNAUD N,2000. Cretaceous-Paleogene basaltic rocks of the Tuyon Basin,NW China and the Kyrgyz Tian Shan:the trace of a small plume[J]. Lithos,50(1/2/3):191-215.

STOLK W,KABAN M,BEEKMAN F,et al. ,2013. High resolution regional crustal models from irregularly distributed data:application to Asia and adjacent areas[J]. Tectonophysics,602:55-68.

SYCHEV I V, KOULAKOV I, SYCHEVA N A, et al. , 2018. Collisional processes in the crust of the northern Tien Shan inferred from velocity and attenuation tomography studies[J]. Journal of geophysical research: Solid Earth,123(2):1752-1769.

TANIMOTO T, RIVERA L, 2008. The ZH ratio method for long-period seismic data:sensitivity kernels and observational techniques[J]. Geophysical journal international,172(1):187-198.

TAPE C, LIU Q Y, MAGGI A, et al. , 2009. Adjoint tomography of the southern California crust[J]. Science,325(5943):988-992.

TARANTOLA A,VALETTE B,1982. Generalized nonlinear inverse problems solved using the least squares criterion[J]. Reviews of geophysics,20(2):219-232.

TARANTOLA A, NERCESSIAN A, 1984. Three-dimensional inversion without blocks[J]. Geophysical journal international,76(2):299-306.

TIAN X B,ZHAO D P,ZHANG H S,et al. ,2010. Mantle transition zone topography and structure beneath the central Tien Shan orogenic belt[J]. Journal of geophysical research:Solid Earth,115(B10):B10308.

TROMP J, TAPE C, LIU Q Y, 2005. Seismic tomography, adjoint methods, time reversal and banana-doughnut kernels [J]. Geophysical journal international,160(1):195-216.

VINNIK L P, REIGBER C, ALESHIN I M, et al. , 2004. Receiver function tomography of the central Tien Shan[J]. Earth and planetary science letters, 225(1/2):131-146.

VINNIK L P, ALESHIN I M, KISELEV S G, et al., 2007. Depth localized azimuthal anisotropy from SKS and P receiver functions: the Tien Shan[J]. Geophysical journal international, 169(3):1289-1299.

WANG X S, ZHANG X, GAO J, et al., 2018. A slab break-off model for the submarine volcanic-hosted iron mineralization in the Chinese Western Tianshan: insights from Paleozoic subduction-related to post-collisional magmatism[J]. Ore geology reviews, 92:144-160.

WANG W L, WU J P, FANG L H, et al., 2014. S wave velocity structure in southwest China from surface wave tomography and receiver functions[J]. Journal of geophysical research: solid earth, 119(2):1061-1078.

WEAVER R L, LOBKIS O I, 2001. Ultrasonics without a source: thermal fluctuation correlations at MHz frequencies[J]. Physical review letters, 87(13):134301.

WOLFE C J, VERNON F L III, 1998. Shear-wave splitting at central Tien Shan: evidence for rapid variation of anisotropic patterns[J]. Geophysical research letters, 25(8):1217-1220.

XU Y, LIU F T, LIU J H, et al., 2002. Crust and upper mantle structure beneath Western China from P wave travel time tomography[J]. Journal of geophysical research: solid earth, 107(b10):ese4-1-ese4-15.

YANG Y J, RITZWOLLER M H, LEVSHIN A L, et al., 2007. Ambient noise Rayleigh wave tomography across Europe[J]. Geophysical journal international, 168(1):259-274.

YANG Y J, RITZWOLLER M H, ZHENG Y, et al., 2012. A synoptic view of the distribution and connectivity of the mid-crustal low velocity zone beneath Tibet[J]. Journal of geophysical research: Solid earth, 117(B4):B04303.

YAO H J, BEGHEIN C, VAN DER HILST R D, 2008. Surface wave array tomography in SE Tibet from ambient seismic noise and two-station analysis-II. Crustal and upper-mantle structure[J]. Geophysical journal international, 173(1):205-219.

YIN A, NIE S, CRAIG P, et al., 1998. Late Cenozoic tectonic evolution of the southern Chinese Tian Shan[J]. Tectonics, 17(1):1-27.

YOU S H, GUNG Y, CHIAO L Y, et al., 2010. Multiscale ambient noise tomography of short-period Rayleigh waves across northern[J]. Bulletin of the seismological society of America,100(6):3165-3173.

YU Y Q, ZHAO D P, LEI J S, 2017. Mantle transition zone discontinuities beneath the Tien Shan[J]. Geophysical journal international,211(1):80-92.

ZHANG Z G,SHEN Y,ZHAO L,2007. Finite-frequency sensitivity kernels for head waves[J]. Geophysical journal international,171(2):847-856.

ZHANG W,SHEN Y,ZHAO L,2012. Three-dimensional anisotropic seismic wave modelling in spherical coordinates by a collocated-grid finite-difference method[J]. Geophysical journal international,188(3):1359-1381.

ZHAO L,2005. Frechet kernels for imaging regional earth structure based on three-dimensional reference models[J]. Bulletin of the seismological society of America,95(6):2066-2080.

ZHAO J M,LIU G D,LU Z X,et al. ,2003. Lithospheric structure and dynamic processes of the Tianshan orogenic belt and the Junggar Basin [J]. Tectonophysics,376(3):199-239.

ZHENG J, GRIFFIN W, OREILLY S, et al. , 2006. Granulite xenoliths and their zircons,Tuoyun,NW China:insights into southwestern Tianshan lower crust[J]. Precambrian research,145(3/4):159-181.

ZHENG X,JIAO W,ZHANG C,et al. ,2010. Short-period rayleigh-wave group velocity tomography through ambient noise cross-correlation in Xinjiang, Northwest China[J]. Bulletin of the seismological society of America,100(3):1350-1355.

ZHENG X F, YAO Z X, LIANG J H, et al. , 2010. The role played and opportunities provided by IGP DMC of China national seismic network in Wenchuan earthquake disaster relief and researches [J]. Bulletin of the seismological society of America,100(5B):2866-2872.

ZHOU L Q,XIE J Y,SHEN W S,et al. ,2012. The structure of the crust and uppermost mantle beneath South China from ambient noise and earthquake tomography[J]. Geophysical journal international,189(3):1565-1583.

ZHOU Z G, LEI J S, 2015. Pn anisotropic tomography under the entire Tienshan orogenic belt[J]. Journal of Asian earth sciences,111:568-579.

ZUBOVICH A V,WANG X,SCHERBA Y G,et al. ,2010. GPS velocity field for the Tien Shan and surrounding regions[J]. Tectonics,29,TC601.